Neuromarketing im Internet

Ralf Pispers, Joanna Rode, Benjamin Fischer

Neuromarketing im Internet

Gehirngerechtes Kundenerlebnis in der digitalen Welt

3. Auflage

Haufe Group
Freiburg · München · Stuttgart

Bibliografische Information der Deutschen Nationalbibliothek

Die Deutsche Nationalbibliothek verzeichnet diese Publikation in der Deutschen Nationalbibliografie; detaillierte bibliografische Daten sind im Internet über http://dnb.dnb.de abrufbar.

Print: ISBN 978-3-648-10899-4 Bestell-Nr. 00299-0003
ePub: ISBN 978-3-648-10900-7 Bestell-Nr. 00299-0103
ePDF: ISBN 978-3-648-02949-7 Bestell-Nr. 00299-0151

Ralf Pispers, Joanna Rode, Benjamin Fischer
Neuromarketing im Internet
3. Auflage 2018

www.haufe.de
info@haufe.de
Produktmanagement: Jutta Thyssen

Art Direction: Sarah Profittlich und Simone Mollard
Lektorat: Nicole Jähnichen, München
Satz: kühn & weyh Software GmbH, Satz und Medien, Freiburg
Umschlag: RED GmbH, Krailling

Inhaltsverzeichnis

Vorwort

Die digitale Revolution verändert unsere Welt. Es gibt keinen Lebensbereich mehr, der nicht längst von Algorithmen und digitalen Angeboten beeinflusst wird. Durch diese Digitalisierung verändert sich unsere Lebensführung dramatisch: Alles geht schneller, besser und einfacher.

Aber: Verändert sich auch der Mensch selbst mit seinen Grundbedürfnissen? Die Antwort lautet: Nein! Ein Blick in die Hirnforschung zeigt, wie langsam sich unser Gehirn im Laufe der Evolution gebildet hat und wie langsam es sich verändert. Unser Gehirn, so wie wir es jetzt gerade nutzen, hat sich in den letzten 30.000 Jahren fast gar nicht verändert. Genauso wenig haben sich deshalb auch unsere Emotionssysteme oder die kognitive Architektur verändert, die für Wahrnehmung und Informationsaufnahme zuständig sind. Erfolgreiches Internet-Marketing basiert deshalb auf zwei Säulen, die es intelligent zu verknüpfen gilt:

- Säule 1: Das Wissen wie der Mensch und sein Gehirn tatsächlich funktioniert.
- Säule 2: Nutzung der vielfältigen neuen Möglichkeiten und Technologien, die die digitale Revolution bietet.

Das vorliegende Buch von Ralf Pispers, Joanna Rode und Benjamin Fischer zeigt kompetent und praxisnah, wie das geht. Das Faszinierende an diesem Buch ist zudem seine Aktualität. Dem Autorenteam gelingt es mit jeder neuen Auflage seinen Vorsprung als digitale Marketing-Trendsetter auszubauen. Während in der zweiten Auflage ein zusätzlicher Schwerpunkt mit Social Media integriert wurde, bekommen in dieser dritten Auflage Themen wie Personalisierung und Internet of Things eine besondere Bedeutung.

Das Thema Personalisierung spielt eine immer wichtigere Rolle in den digitalen Medien, denn die Targeting-Möglichkeiten nehmen massiv zu. Die Personalisierung bietet aus Neuromarketing-Sicht hervorragende Möglichkeiten, die Kundenmotive optimal zu bedienen. Angefangen von den Angeboten/Produkten, über Tonalität und Ansprache bis hin zur Bild- und Farbwelt. Wie das geht, zeigen Pispers, Rode und Fischer an eindrucksvollen Praxisbeispielen.

Im Bereich Internet of Things liegt der Schwerpunkt der Autoren auf der habitualisierten Kaufentscheidung. Denn: Auf Basis von Sensorik und digitalen Applikationen usw. entstehen digitale Ökosysteme, die zu einem stark habitualisierten Kaufverhalten führen. Sehr gute Beispiele dafür sind die neuen Taxidienste wie Uber oder myTaxi. Per Sensorik (GPS-Ortung und

Navigation), digitalem Bezahldienst (Kreditkarte, PayPal etc.) sowie der dynamischen Aussteuerung von Anfrage und verfügbaren Fahrzeugen entsteht ein digitales Ökosystem, welches bei den Nutzern dieser Apps zu einer sehr starken Bindung an die Marke und das Angebot führt. Von Pispers, Rode und Fischer erfahren wir, wie solche Ökosysteme funktionieren und wie man sie aufbaut.

Die dritte Auflage dieses Neuromarketing-Klassikers liegt vor Ihnen. Hochaktuell und aus der Praxis für die Praxis. Ich wünsche Ihnen eine spannende Entdeckungsreise und viel Spaß beim Lesen.

Dr. Hans-Georg Häusel

!

Hinweis

In unserem Buch haben wir an einigen Stellen Quick-Response-(QR-)Codes eingebaut. Um die hinter den QR-Codes liegenden Beispiele nutzen zu können, benötigen Sie zweierlei: ein Handy mit Internetzugang und eine kostenlose Reader-Software (zum Beispiel www.neoreader.com). Dann einfach das Handy mit der Kamera auf den Code halten, als würde man ihn fotografieren wollen, und schon bekommen Sie beispielsweise einen direkten Einblick in unsere »Neuromarketing-Studie«.

Abb. 1: So funktioniert das Lesen von QR-Codes.

1 Globale digitale Vernetzung

1.1 Der Weg in die digitale Ökonomie

Starten wir das Buch mit einer Zeitreise: Anfang der 1990er-Jahre erlebte das Internet mit dem von Tim Berners-Lee entwickelten Dienst »World Wide Web« die erste Boomphase. Spätestens als 1994 mit dem Netscape Navigator die Anzeige von grafisch aufbereiteten Websites möglich wurde, begann das Zeitalter des E-Commerce.

Damals schrieb ich, Ralf Pispers, mein erstes Buch »*Digital Marketing*« und gründete gemeinsam mit einem guten Freund und Kommilitonen meine erste Internetagentur. Websites wurden zu dieser Zeit auf Basis der brandneuen HTML-Auszeichnungssprache realisiert, seinerzeit noch in zwei Versionen – mit oder ohne Grafik, je nach Bandbreite des Nutzers. Man muss sich vorstellen, dass zu dieser Zeit ein Modem mit 28,8 KB/sec schon als gute Ausstattung galt.

Firmen-Websites entstanden damals fast ausschließlich in der Marketingabteilung von Unternehmen und wurden von Agenturen wie uns realisiert. Dazu wurden von der Art-Direktion Layouts erstellt, von der Redaktion mit Leben gefüllt und dann vom Programmierer in statischem HTML realisiert. Die Revolution nahm ihren Lauf. Unternehmen wie Amazon oder Google führten diese Revolution an. Und ich präsentierte meinen Kunden zu diesem Zeitpunkt Strategien, diese Revolution zu adaptieren und für das Unternehmen zu nutzen. Einige erkannten die Zeichen der Zeit. Andere, unter ihnen ganze Branchen wie zum Beispiel die Musikindustrie, verweigerten sich den neuen Medien. Die platzende Internetblase im Jahr 2000 bestärkte diese Verweigerer in ihrer Ignoranz. Unter anderem führte das dazu, dass die Musikindustrie mittlerweile große Teile des Gewinns sowie den Großteil der Vertriebswege an Apple abgegeben hat und Sony als Erfinder des Walkmans durch die MP3-Player und Smartphones völlig vom Markt gedrängt worden ist. Unsere damalige These, dass die IP-Technologie die Basis sämtlicher digitaler Dienste sein wird, ist heute längst gelebte Realität.

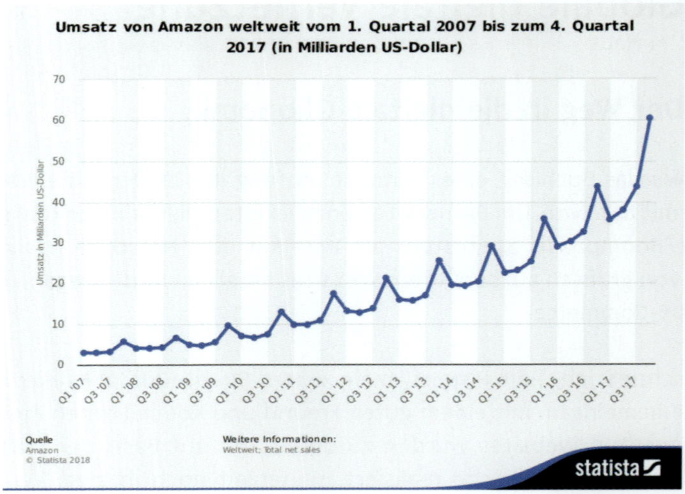

Abb. 2: Amazon hat auf Basis der Internet-Technologie den Handel revolutioniert und kapitalisiert mit der Amazon-Cloud inzwischen auch die dafür entwickelte Infrastruktur.

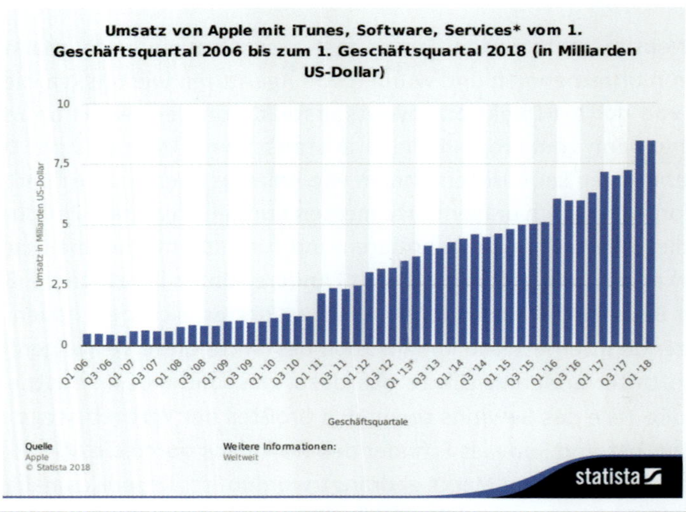

Abb. 3: Apple verdient prächtig mit iTunes – das digitale Ökosystem ist die Bezugsquelle von Musik, Filmen und Apps für Hunderte Millionen Nutzer weltweit – ein Paradebeispiel dafür, wie etablierte Branchen von digitalen Anbietern radikal verdrängt werden.

Heute, 24 Jahre später, befinden wir uns im Stadium der globalen digitalen Vernetzung. Und dabei ist die Internet-Technologie immer noch die Basis aller Entwicklungen. Ein Auto kommuniziert heute genauso selbstverständlich über das Internet wie ein Haus oder eine Kaffeemaschine. Das Fahrzeug übernimmt im Navigationssystem Ziele aus der Google-Suche, liest WhatsApp-Nachrichten vor und kann vom Fahrer über Apps gefunden, geöffnet und gesteuert werden. Im Haus werden Licht, Alarmanlage, Rauchmelder und Jalousien über Smart-Home-Komponenten per App über das Internet aktiviert. Man kann die Haustüre für den Nachbarn just in time über das Internet von überall auf der Welt öffnen, und der Hersteller der Heizung meldet sich durch die Internet-Anbindung des Systems wegen eines Ausfalls bereits zu einem Zeitpunkt, an dem die Bewohner noch nicht einmal gemerkt haben, dass die Heizung ausgefallen ist.

Dabei entstehen im Zuge der digitalen Vernetzung nicht nur attraktive Angebote und Services für die Kunden, sondern auch neue Geschäfts- und Ertragsmodelle für die Unternehmen. So produziert BMW heute nicht mehr nur Autos, sondern verdient auch mit digitalen Services wie »Connected Drive«. Zusätzlich bindet der PKW-Hersteller die Kunden über seine Services noch besser an die Marke.

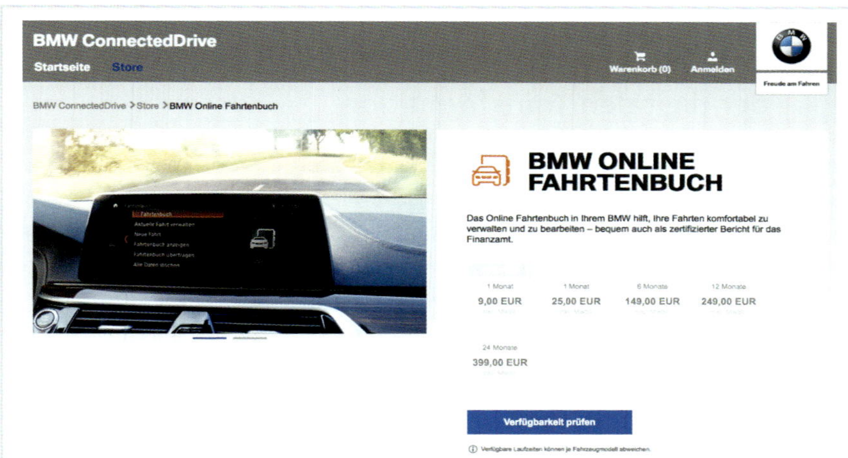

Abb. 4: Mit den Connected-Drive-Angeboten schafft BMW neue Ertragsmodelle, so zum Beispiel mit dem Online-Fahrtenbuch. Der Service nutzt die GPS-Sensorik und die Internet-Konnektivität des Fahrzeugs in Kombination mit einem Online-Portal für den Fahrer.

Gleichzeitig lassen sich im Zeitalter der globalen Vernetzung Prozesse optimieren und Kosten senken – und das bei größerer Kundenzufriedenheit von Kunden sowie Händlern und Vertragspartnern.

Abb. 5: Gut für Viessmann, gut für den Händler und die Fachbetriebe, gut für die Kunden – die digitale Vernetzung von Produkten, wie hier am Beispiel von Viessmann Vitoconnect.

1.2 Vom World Wide Web zur Blockchain: die Roadmap der digitalen Transformation

Etablierte Unternehmen müssen sich einer Herausforderung stellen, und zwar der Tatsache, dass die Digitalisierung überall parallel stattfindet und alle Handlungsfelder im Unternehmen optimal entwickelt werden müssen. Viele Unternehmen tun sich schwer sowohl in der Strukturierung der Aktivitäten als auch im Erkennen der wesentlichen Erfolgsmerkmale. Wir liefern daher in den folgenden Kapiteln eine Roadmap der digitalen Handlungsfelder und der Kriterien für die erfolgreiche Adaption. Gleichzeitig werden wir den Nachweis liefern, dass das Neuromarketing – neben der technologischen Entwicklung – ein maßgeblicher Treiber der Digitalisierung ist.

Die Roadmap der digitalen Transformation hat ihren Startpunkt bei der Erfindung des **World Wide Web** in den 1990er-Jahren. Seit diesem Zeitpunkt sind die Unternehmen in der Lage, den Kunden über das Internet Waren, Dienstleistungen und Informationen in einem attraktiven Format digital anzubieten. Mitte der 2000er-Jahre beginnt der Siegeszug der **Social Networks**. Deren Entwicklung fällt zusammen mit der Erfindung des iPhones und ermöglicht es dem Endkunden, digitale Informationen und Kommunikation eigenständig zu produzieren und auszutauschen. Das Informationsmonopol der Unternehmen und Medienkonzerne fällt zu diesem Zeitpunkt. Gut fünf Jahre später startet die Entwicklung des **Internet of Things**, das heißt der Vernetzung der Dinge. Diese Entwicklung ist auch unter dem Begriff Industrie 4.0 bekannt. Zu diesem Zeitpunkt werden Produkte um digitale Services ergänzt, wobei die digitalen

Services bei vielen Produkten inzwischen den Kern der Wettbewerbsfähigkeit ausmachen. Im Zeitalter der Shareconomy hat das Produkt selbst, also beispielsweise das Auto, gar keine Relevanz mehr für den Kunden. Er kauft sich Mobilität, die er zu jedem Zeitpunkt nach Bedarf buchen kann. Aktuell startet die **Virtualisierung** beziehungsweise Dematerialisierung mit einer unglaublichen Geschwindigkeit. Rechenzentren, das heißt die Hardware-Infrastrukturen der Unternehmen, werden abgelöst durch die Cloud, Bargeld wird abgelöst durch Mobile Payment und Kryptowährungen wie Bitcoin, die eigene Musiksammlung (inklusive der illegal heruntergeladenen MP3-Dateien) wird durch Streaming-Dienste wie Spotify oder Amazon Music dematerialisiert. Der Sachbearbeiter wird abgelöst durch den Machine Learning Algorithmus, der einen Vorgang in deutlich besserer Qualität in einem Bruchteil der Zeit sowie ohne Wochenende, begrenzte Arbeitszeiten und Urlaubsansprüche abarbeitet.

Jedes Unternehmen muss sich diesen vier Handlungsfeldern stellen. Und dabei ist die Entwicklung in keinem der vier Bereiche abgeschlossen. Websites und Apps entwickeln sich heute noch genauso dynamisch wie zu den Anfangszeiten in den 1990er Jahren. Und auch im Bereich der Social Networks ändern sich die Nutzerzahlen der Plattformen (Facebook, Instagram, SnapChat & Co.) genauso dynamisch wie die Funktionen (Boomerang, Story etc.) und Werbeformen. Für jedes der vier Handlungsfelder haben wir ein zentrales Ziel formuliert, an dem sich alle Aktivitäten messen lassen. Wir haben sie in der nachfolgenden Abbildung (siehe nächste Seite) dokumentiert.

1.2.1 Web: Create smart user experience

Als Einhörner, neudeutsch auch Unicorns, bezeichnet man Start-ups, die mit über einer Milliarde Dollar bewertet sind, ohne dass sie an einer Börse platziert wurden. Airbnb ist eines der führenden Einhörner weltweit. Seit seiner Gründung im Jahr 2008 ist Airbnb weltweit rasant gewachsen. Mit dem Konzept des Flat-Sharing hat das Unternehmen ein ganz neues Geschäftsmodell etabliert: Private Wohnungen und Häuser werden über eine digitale Plattform an Reisende vermietet. Inzwischen ist Flat-Sharing in den Metropolen dieser Welt zu einem signifikanten Markt geworden. Neben den privaten Vermietern sind aber inzwischen auch viele gewerbliche Vermieter von Ferienwohnungen und Ferienhäusern auf Airbnb vertreten.

Was kann Airbnb besser als die Wettbewerber? Wie schafft ein junges Unternehmen ein solch rasantes Wachstum? Der Grund ist nicht nur das Geschäftsmodell des Flat-Sharing, sondern das Kundenerlebnis. Wer einmal eine

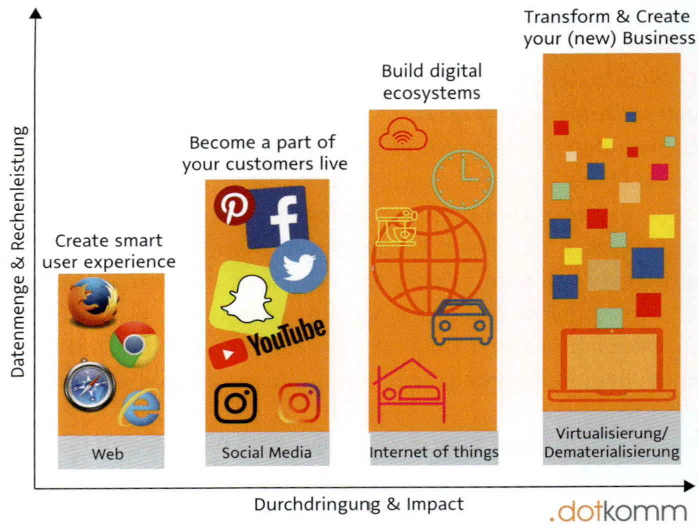

Abb. 6.: Die vier zentralen Handlungsfelder der digitalen Transformation. Mit jeder Stufe steigt die Durchdringung von Gesellschaft und Business. Gleichzeitig steigen mit jeder Stufe die Datenmengen und die erforderliche Rechenleistung.

Unterkunft über Airbnb gebucht hat, wird sich mit anderen Portalen für Ferienwohnungen schwertun beziehungsweise nicht mehr zu diesen zurückkehren.

Airbnb stellt das Kundenerlebnis in den Vordergrund und hat in vielerlei Hinsicht – ob nun gewollt oder nicht – Neuromarketing-Aspekte berücksichtigt. Das fängt bereits bei der Kundenansprache an. Airbnb duzt seine Nutzer. Das schafft unbewusst Nähe und zahlt auf die Motive der jungen, urban lebenden Zielgruppe ein. Die Objekte werden großflächig und mit einer Vielzahl von Fotos inszeniert – ein Konzept, welches wir aus dem Neuromarketing-Ansatz absolut unterstützen. Vor Airbnb gab es diese Art der Objektpräsentation nicht. Kundenbewertungen und Vermieterprofile schaffen Vertrauen und Authentizität – ein wesentlicher Treiber für die Kaufentscheidung im Kopf des Kunden. Airbnb ist im Kopf der Kunden mehr Community als Wohnraum-Makler. Dazu kommt das digitale Ökosystem: Nachrichten, Bezahlung etc. finden ausschließlich innerhalb der Plattform statt. Die exzellente User-Experience in Kombination mit dem neuen Flat-Share-Modell haben zu dem rasanten, weltweiten Wachstum geführt. Die Wettbewerber dagegen haben den Fokus auf die internen Abläufe und die Entwicklung von Funktionen gelegt. Aber auch die beste Funktion bringt ohne entsprechende User-Experience keinen Erfolg.

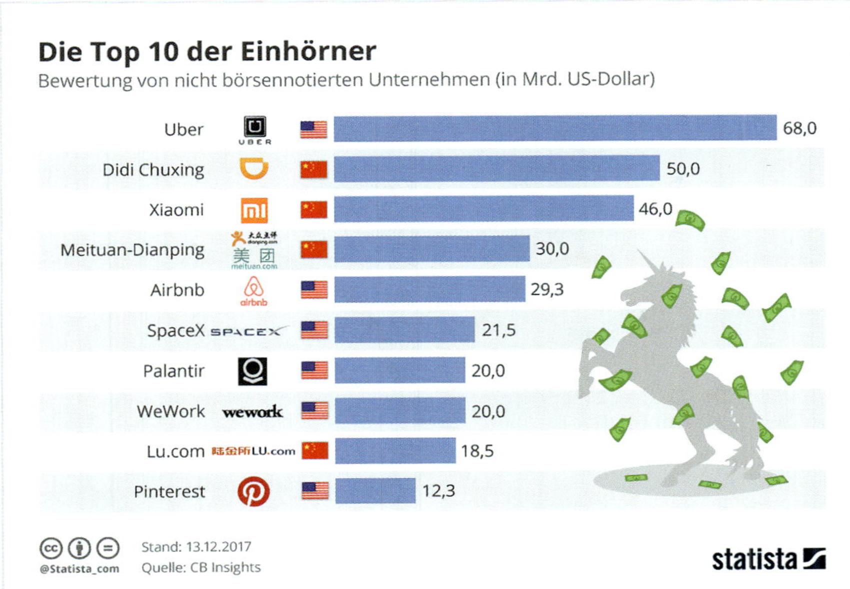

Abb. 7: Kundenerlebnis als Werttreiber – Airbnb wächst nicht nur dank seines innovativen Geschäftsmodells, sondern auch aufgrund exzellenter User-Experience.

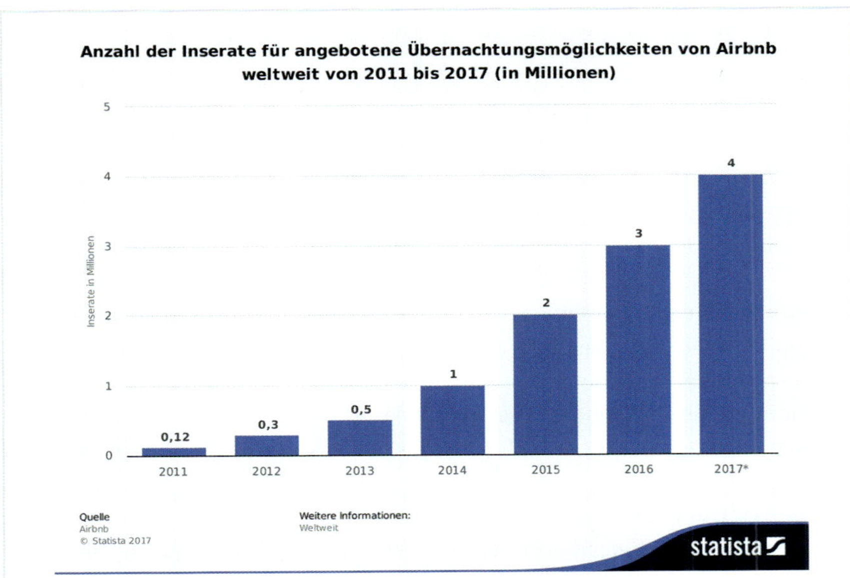

Abb.8: Nach den privaten Flat-Share-Anbietern wechseln zunehmend auch die gewerblichen Vermieter von Ferienwohnungen zu Airbnb.

Etablierte Unternehmen kümmern sich primär um interne Abläufe, Schnittstellen und Systeme. Digitale Stars legen den Fokus ganz klar auf die User-

Experience. Und sie unterziehen das Kundenerlebnis durch Usability Labs schon in frühen Phasen dem Testing in der Zielgruppe. Wir werden im weiteren Verlauf des Buches das Potenzial von modernen Neuromarketing-Labs noch umfassend aufzeigen.

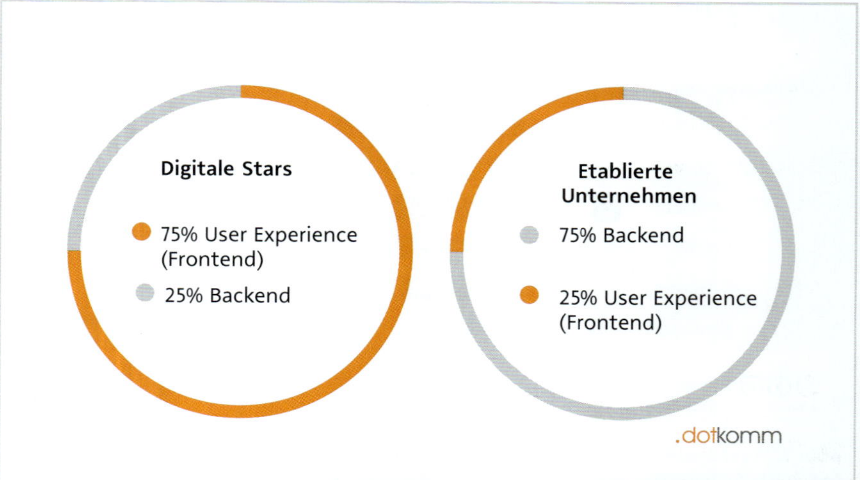

Abb. 9: Bei der Entwicklung von Websites und Apps muss das Schaffen von »Smart User-Experience« im Mittelpunkt aller Aktivitäten stehen. Digitale Stars haben das verstanden und setzen die Aktivitäten schon früh dem Feedback der Nutzer aus.

Schauen wir auf ein weiteres Beispiel für »Smart User-Experience«: Weltweit werden pro Minute ca. 900.000 Tinder-Profile angesehen. Tinder ist eine Online Dating App beziehungsweise Online-Partnervermittlung, die seit ihrem Start im Jahr 2012 eine rasante Verbreitung erreicht hat – und das in einem Markt, der schon von unzähligen etablierten Playern bearbeitet wird.

Was ist das Erfolgsgeheimnis von Tinder? Sicherlich ist es die Tatsache, dass die App kostenlos zur Verfügung gestellt wird und den Umsatz über In-App Käufe sowie über Werbung innerhalb der App generiert. Ein aus Neuromarketing-Sicht ebenso entscheidendes Erfolgskriterium ist darüber hinaus aber die maximale Reduktion von Komplexität. Die Bedienung von Tinder ist maximal intuitiv und einfach. Darüber hinaus erspart die App den Nutzern das langwierige Erstellen von Partnerprofilen. Sie setzt ausschließlich auf das Matching von Facebook-Profilen. So ist die Nutzung der App ohne den Facebook-Login gar nicht möglich. Im Ergebnis ist keine Partnerbörse schneller nutzbar als Tinder: App downloaden – per Facebook-Login kostenlos registrieren – zusätzliche Fotos hochladen – Partner suchen.

Abb. 10: Tinder führt die Liste der umsatzstärksten Apps an.

In der User-Experience und im Bedienkonzept setzt Tinder Maßstäbe. Aus dem Neuromarketing wissen wir, dass es für einen Menschen keine stärkere Droge gibt als den Menschen. Insofern ist es nur konsequent, die Fotos der Nutzer in den Fokus zu stellen und ihnen maximalen Platz auf dem Frontend (das heißt dem Smartphone-Bildschirm) zur Verfügung zu stellen. Ist der erste Eindruck positiv, reicht das Tippen auf dem Foto rechts, um das nächste Bild anzuzeigen. Tippen auf dem Foto links zeigt das Bild zuvor. Tippen auf das »i« zeigt den Profiltext und die gemeinsamen Interessen laut Facebook-Profil sowie potenzielle gemeinsame Facebook-Freunde. Auch hier setzt man auf Neuromarketing, denn Sympathie/Antipathie (die wichtige Rolle dieser Ausprägungen werden wir in den Grundlagen-Kapiteln im Buch erläutern) entstehen im limbischen System unbewusst und unmittelbar. Da können der Profiltext und die »technischen Daten« noch so stimmen – wenn das Bild nicht sofort anspricht, sind alle anderen Informationen überflüssig.

Weiter geht es mit der exzellenten Bedienung: ein Wischen nach links und das vorgeschlagene Profil wird abgelehnt, ein Wischen nach rechts und das Profil wird »geliked«. Und ebenso exzellent setzt sich das Neuromarketing fort: Haben beide Tinder-Nutzer bei der Ansicht des jeweils anderen Profils nach rechts gewischt, kommt es zum Match, was emotional von Tinder inszeniert wird. Die Folge: größtmögliche Aktivierung bei den Nutzern.

Was können Unternehmen von Tinder lernen? Es ist die maximale Reduktion der Komplexität, die perfekte und intuitive Bedienung sowie die maximale Aktivierung der Kunden aus Neuromarketing-Sicht. Und wir können Sie nur ermutigen, sich an Erfolgsbeispielen wie Tinder zu orientieren. Denn wir sind der Meinung, dass man, egal ob man nun eine Online-Konfiguration für Autos oder eine Online-Strecke zum Versicherungsabschluss entwickelt, mehr Tinder und weniger Formular braucht. Wir haben das nachfolgend am Beispiel einer Versicherung einmal aufgezeigt. Für die Tarifierung einer Wohngebäude-Versicherung braucht man neben den Basis-Angaben zum Objekt vom Kunden die Auswahl der gewünschten Tarif-Leistungen wie Elementarschäden, Mietausfall, Glasbruch, Vandalismus. Und die kann man – genauso wie bei Tinder – vorstellen und per Wischen zum Vertrag hinzufügen oder weglassen. Bei Klick auf das Merkmal bekommt man die dazugehörigen Erläuterungen für die Auswahl.

Smart User-Experience entscheidet über Response- und Conversion-Rates in digitalen Plattformen.

Abb. 11: Mehr Conversion durch optimale Ansprache der Kundenmotive. Personalisierung schafft unbewusste Orientierung (zur Produktauswahl), emotionale Aktivierung (zur Produkt-Inszenierung) und löst Handlungsimpulse aus (Call to Action).

Die Entwicklung des digitalen Kundenerlebnisses in Websites, Shops, Portalen und Apps ist noch lange nicht abgeschlossen. Das ist die faszinierende Botschaft mehr als 20 Jahre nach der Erfindung des World Wide Web. Auch heute noch lassen sich Wettbewerbsvorteile durch die beste User-Experience schaffen. Auch heute noch werden bestehende Märkte aufgebrochen durch neue Player, die dem Kunden ein deutlich besseres, digitales Kundenerlebnis bieten. Die rasante technische Entwicklung schafft dazu immer wieder neue Möglichkeiten. Vom responsive Web-Design (zur optimalen Nutzung von digitalen Angeboten auf allen Endgeräten) über die Content-Animation (beispielsweise durch Parallax-Effekte) bis hin zur Ansprache von Hardware (Kamera, Mikrofon etc.) auf Basis von HTML5 und modernen Web-Browsern – stets aufs Neue lässt sich die User-Experience verbessern.

Eine der stärksten Entwicklungen aus Neuromarketing-Sicht ist dabei die Personalisierung beziehungsweise das dahinterliegende Profiling. Denn – wir werden das in den Grundlagen des Neuromarketings später noch näher erläutern – die Ansprache der richtigen Kundenmotive ist ein maßgeblicher Treiber für den Handlungs- und Kaufimpuls von Menschen. Personalisiertes Kundenerlebnis schafft Kundenzufriedenheit. Dabei ist Personalisierung kein Phänomen der digitalen Welt. Schon 1993 schilderte Don Peppers in seinem Buch »The One to One Future« die Zukunft des personalisierten Marketings und dem Customizing in der industriellen Massenfertigung mit einer Losgröße von 1. Vieles von dem, was uns in diesem Buch so fasziniert hat, ist Realität geworden. Es begegnet uns im Alltag. So erkennen aktuelle PKW-Modelle den Fahrer und stellen die Sitze, die Spiegel, die Radiosender, die Fahrwerkseinstellung und viele weitere Parameter automatisch ein. So lassen sich Atomic-Ski heute vom Fahrer vollständig personalisieren. Und genauso personalisieren die Nutzer ganz pragmatisch ihre Smartphones durch individuelle Handyhüllen & -Cases.

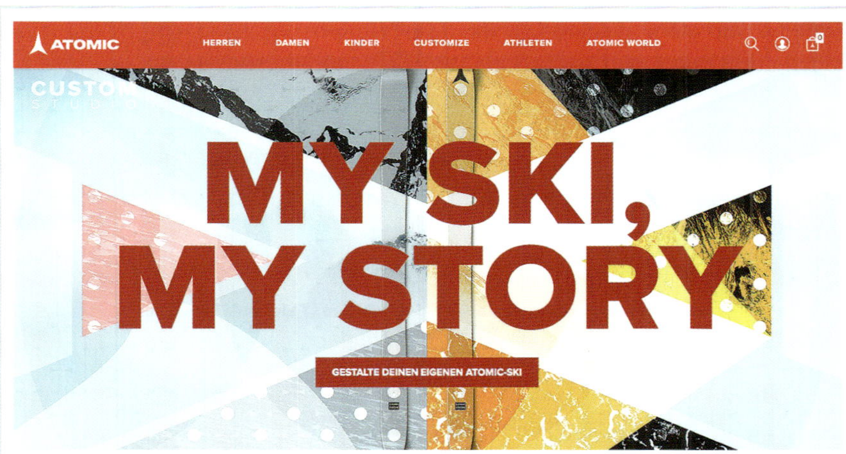

Abb. 12: Eines von vielen Beispielen für die Personalisierung in der industriellen Massenfertigung – im Atomic Custom Studio lassen sich die Skier durch den Fahrer individuell gestalten.

Der Unterschied zwischen der individualisierten Massenfertigung von Produkten und der Personalisierung in den digitalen Kanälen ist die Automatisierung, das heißt die intelligente Anpassung von Produktauswahl, Preisen, Bildwelten, Tonalität und allen weiteren Parametern auf Basis von Nutzerprofilen und Nutzertracking, ohne dass der Nutzer hier aktiv gestalten muss. Das Profiling in den digitalen Kanälen hat dabei inzwischen ein vor Jahren noch unvorstellbares Ausmaß angenommen. So kennt Google heute fast sämtliche Wünsche, Interessen und Bedarfssituationen des Kunden inklusive der von diesem ausgewählten Angebote aus den Suchergebnissen. So generieren Mobilfunkanbieter heute lückenlose Bewegungsmuster ihrer Kunden. So kennen die Social Networks heute die Freunde, Interessen, Meinungen sowie psychografischen und sozio-demografischen Parameter der Kunden. Und so weiß der Webshop- oder Website-Betreiber heute, wie oft der Kunde das Angebot bereits besucht hat und welche Produkte und Themen ihn dabei interessiert haben.

Das exponentielle Wachstum an Rechenkapazität im Bereich Hardware sowie der Einsatz moderner Machine-Learning-Plattformen ermöglichen es inzwischen, die Vielzahl an Daten in Zusammenhänge zu bringen und daraus umfassende Kundenprofile zu entwickeln. Auf diese Weise ist ein völlig neuer Wettbewerbsbereich entstanden – übergreifend über alle Branchen. Denn wer die besten Kundenprofile besitzt und diese in personalisierte Angebote für den Kunden überführt, wird über kurz oder lang das erfolgreichste Geschäftsmodell betreiben.

Eine Vielzahl neuer Geschäftsmodelle zeigt, wie erfolgreich der Einsatz von Profiling und Personalisierung ist. Hier führen wir beispielhaft nur zwei Modelle und deren Einfluss auf die Wettbewerbsfähigkeit an.

Starten wir in der Musikbranche. Hier ist Spotify einer der ganz großen Player geworden. Das im Jahr 2006 in Schweden gegründete Unternehmen verzeichnet ein rasantes Wachstum und ist inzwischen mit ca. 8,5 Mrd. US-Dollar bewertet.

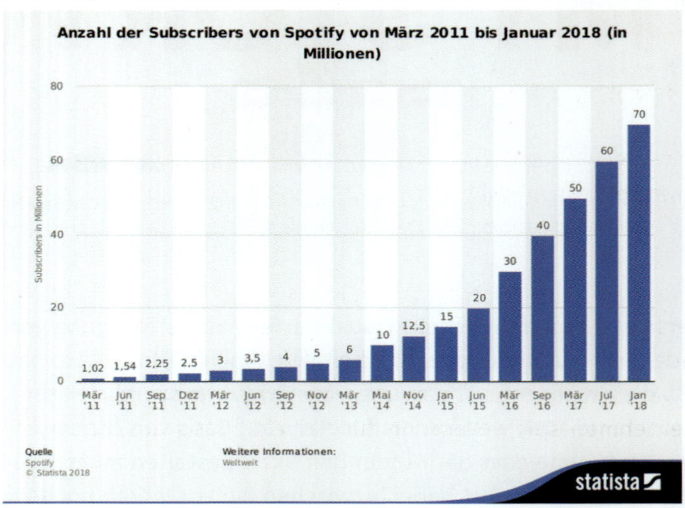

Abb. 13: Spotify ist Teil der zweiten Revolution in der Musikbranche. Nach dem Musik-Download kommt jetzt das Musik-Streaming. Teil der Erfolgsstory ist die smarte User-Experience der Spotify-App.

Der Erfolg von Spotify basiert einerseits auf dem dematerialisierten Geschäftsmodell, über das Sie später noch mehr erfahren. Andererseits bietet Spotify seinen Kunden ein perfektes Personalisierungserlebnis auf Basis der gehörten Musik. Zu jeder vom Kunden erstellten Playlist werden von Spotify passende Empfehlungen ausgespielt. Damit funktioniert Spotify besser als der Plattenladen an der Ecke in den 1980er-Jahren. Zusätzlich erstellt Spotify personalisierte Mixtapes für den Nutzer sowie den Mix der Woche. Die Qualität der Empfehlungen basiert auf einer ausgefeilten Datenstruktur in der Musik-Datenbank sowie einem umfassenden Erfassen der Hörgewohnheiten des Kunden.

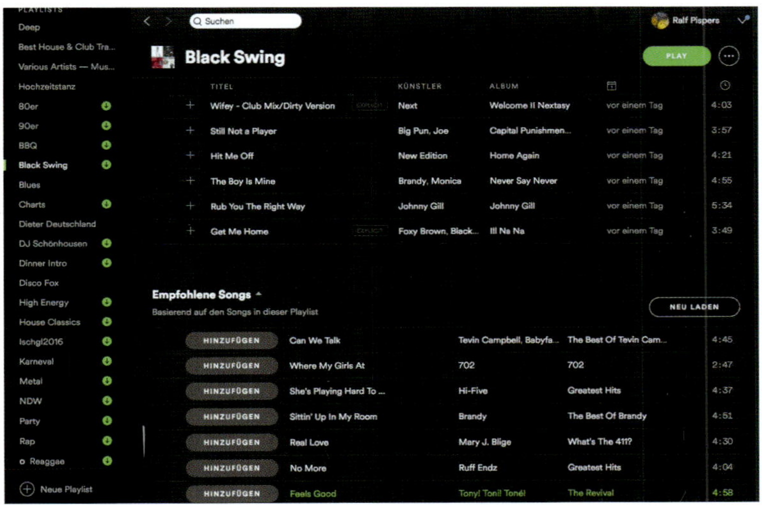

Abb. 14: Personalisiertes Kundenerlebnis – Spotify unterstützt seine Kunden bei der Erstellung von Playlists durch eine intelligente Recommendation-Engine.

Ausgefeilte Recommendation-Services sowie die persönlichen Mixtapes differenzieren Spotify im Wettbewerb, rechtfertigen den monatlichen Abo-Preis und erhöhen die Kundenbindung.

Sehen wir uns nun den Werbemarkt an. Hier sorgt Facebook Inc. (Facebook, Instagram, WhatsApp etc.) seit Jahren für erdrutschartige Veränderungen. Denn Facebook verfügt neben Google über die umfassendsten Nutzerprofile und versteht es, diese auch optimal für die Vermarktung einzusetzen. Das Unternehmen spielt Werbung für Skibekleidung aus, wenn der Nutzer die Facebook-Pages von Skifirmen geliked, Fotos aus Skigebieten gepostet, in Hotels in Skigebieten eingecheckt oder im Messenger mit Freunden Nachrichten zur Planung des nächsten Skiurlaubs ausgetauscht hat. Insofern spielt Facebook die Werbung nicht nur an den richtigen Kunden aus, sondern auch in der richtigen Bedarfssituation.

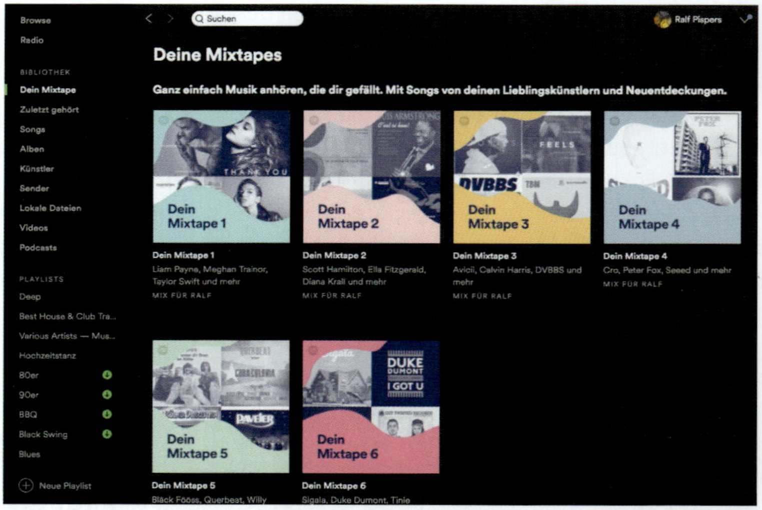

Abb. 15: Personalisierte Mixtapes für den Kunden. Spotify sortiert hier sogar nach Musikgenre.

Abb. 16: Wettbewerbsfaktor Personalisierung – Facebook spielt Werbung besser aus als jedes andere Medium. Damit dominiert das Unternehmen inzwischen den Werbemarkt und verdient prächtig. Gleichzeitig schafft Facebook durch die profilierte Werbung Relevanz für den Kunden und damit ein positives Kundenerlebnis.

1.2.2 Social Media: Become a part of your customers live

Zur Einstimmung auf dieses Kapitel schauen Sie sich am besten einmal die Vorstellung des ersten iPhones durch Steve Jobs aus dem Jahr 2007 auf YouTube (siehe QR-Code) an.

Er stellt die drei wesentlichen Funktionen des iPhones vor mit den Worten: »An iPod, a phone and an internet communication device«. Bei der Vorstellung des dritten Punktes ist der Applaus relativ verhalten, während die Leute bei den ersten beiden Punkten jubeln. Warum? Weil sich vor etwas mehr als zehn Jahren noch keiner vorstellen konnte, dass die Apps und der Internet-Zugang die wesentliche Funktion des Smartphones werden könnten. Vor zehn Jahren war auch das Feature »Kamera« noch kein Thema, genauso wenig wie Musikstreaming, Bluetooth und Mobile Payment. Unglaublich, wie schnell die technische Entwicklung verlaufen ist. Und zwei Entwicklungen haben sich gegenseitig potenziert: die Entwicklung der Smartphones und die Entwicklung der Social Networks. Denn die Smartphones ermöglichen heute die professionelle Erstellung von Content – überall und zu jeder Zeit. Wenn Sie sich ansehen, was die aktuellen Top-Geräte für Möglichkeiten bei der Erstellung von Fotos und Videos bieten, dann wird klar, warum kaum noch jemand einen Fotoapparat oder eine Videokamera braucht. Und auch die Postproduktion erfolgt heute auf dem Smartphone. Da werden Licht und Farbbild der Urlaubslocation angepasst, da werden Falten aus dem Gesicht retuschiert, da werden Texte und Animationen ergänzt und Videos geschnitten.

Und die Social Networks bieten die passenden Plattformen zur Veröffentlichung der Inhalte beziehungsweise zum Versand per Messenger. Sie bilden, gemeinsam mit den Smartphones, ein riesiges Neuromarketing-Werkzeug. Denn die Kombination aus Emotion, Publikation und Reaktion ist der Grund, warum so viele Menschen alles aus ihrem Leben in den Social Networks teilen. Schauen wir uns dazu noch einmal meine Leidenschaft für das Skifahren an. Wenn ich morgens um 8 Uhr die erste Gondel auf den Berg nehme und die Sonne über dem Gipfel aufgeht, dann verursacht das bei mir eine massive emotionale Aktivierung. Mit meinem Smartphone kann ich diesen wunderbaren Augenblick im Video oder im Foto festhalten. Und per Social Network kann ich meine »Freunde« an meiner Emotion teilhaben lassen. Die vielen Likes und Kommentare zeigen meinem limbischen System (dem Autopiloten), dass mein soziales Umfeld sich mit mir (beziehungsweise meinem Posting) auseinandersetzt. Und das wiederum wirkt stark auf mein Belohnungssystem, weil die soziale Interaktion für mich, wie für jeden Menschen, ein ganz wichtiges Grundmotiv ist. Dieser Kreislauf aus Emotion, Publikation und Reaktion ist der Treiber der Social Networks und gleichzeitig der Grund, warum die Social

Networks die Motive und Bedürfnisse der Nutzer so gut kennen – besser als jeder andere.

Abb. 17: Der Treibstoff der Social Networks: der Kreislauf aus Emotion – Publikation – Reaktion. Dabei wirkt jedes Like und jeder Kommentar auf das Belohnungssystem im limbischen System.

Das wurde unlängst durch eine Studie der Stanford Universität auch wissenschaftlich bestätigt. Die Studie mit knapp 90.000 Teilnehmern kommt zu dem Ergebnis, dass einem Machine Learning System schon 70 Likes in den Social Networks ausreichen, um das Persönlichkeitsprofil eines Menschen besser einzuschätzen als ein Arbeitskollege. Bei 150 Likes übertrifft die Maschine

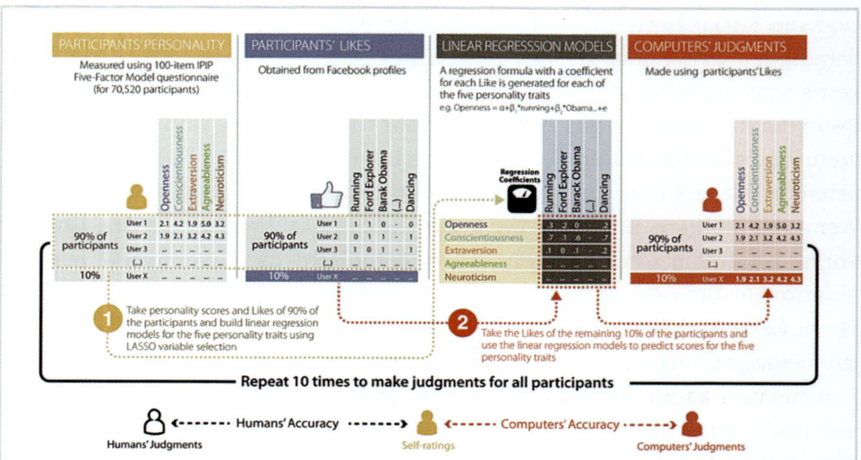

Abb. 18: Die Studie der Stanford Universität macht die Relevanz von Social Networks und Machine Learning deutlich: Die neuen Plattformen kennen den Kunden besser als jeder andere. Dies revolutioniert die Mediaplanung und den Online-Vertrieb (Youyou, Kosinski, Stillwell 2015).

bereits die Familienmitglieder und ab 300 Likes kennt die Maschine den Menschen besser als der Ehepartner

Für das Marketing und die Kommunikation von Unternehmen verändert sich mit dem Siegeszug der Social Networks vieles. Hier seien nur einige Auswirkungen aufgeführt.

1.2.2.1 Kontextbezogenes Marketing

Im Umfeld der Social Networks sind die Möglichkeiten des Targetings ungleich höher als in den klassischen Medien wie TV, Radio oder Zeitung. Damit lässt sich die Werbung für das Produkt und dessen Nutzen individuell auf die Motiv- und Bedarfssituation des einzelnen Kunden ausrichten. Es entstehen viele kleine Mikrosegmente, die mit unterschiedlichen Motiven und Storys angesprochen werden. Der Trend geht also weg vom großen TV-Spot für alle hin zum kontextbezogenen Werbemittel für das Mikrosegment. Wer das nicht beachtet, der verschenkt das Potenzial der Personalisierung und Segmentierung, das die Social Networks bieten.

1.2.2.2 Authentisches Marketing & Storytelling

In den Social Networks produzieren die Menschen mit ihren Smartphones hervorragenden Content: Bilder und Videos aus dem realen Leben. Und auch wenn wir heute auf dem Smartphone bereits unzählige Bearbeitungsmöglichkeiten inklusive Weichzeichner & Co. nutzen können, der Content der Menschen in den Social Networks spiegelt das wahre, wenn auch optimierte Leben wider. Vor diesem Hintergrund passen viele der heutigen Werbeformate nicht mehr in das inhaltliche Umfeld. Ein TV-Spot für Jacobs Krönung wirkt in einer heutigen Social-Media-Umgebung absolut unpassend. Er integriert sich nicht in das Content-Umfeld des Nutzers, wie es gut gemachte Social-Media-Werbung vermag.

Was die Medienformate für Social Networks angeht, spielt Storytelling eine maßgebliche Rolle. Ließen klassische Werbeformate das Erzählen von Geschichten kaum zu (Anzeige, Plakat) oder boten dafür nur 30 Sekunden (TV-Spot), so sind die neuen Werbeformate von Facebook & Co. wie dafür geschaffen. Dabei gehört Storytelling zu einem unserer Lieblingskonzepte, wenn es um Neuromarketing geht. Wir werden das später im Buch noch detaillierter beschreiben. Hier sei schon einmal erwähnt, dass Storytelling für maximale emotionale Aktivierung des Kunden sorgt. Und wenn dann die Story noch auf die individuellen Kundenmotive zugeschnitten ist, dann wissen wir, warum die Social Networks die Werbebudgets wie ein mächtiger, vielarmiger Krake von den klassischen Medien abziehen.

Ebenfalls in diesem Zusammenhang steht der Einsatz von Content-Marketing. Denn auch hier geht es darum, wegzukommen von der klassischen Werbung, hin zur Positionierung in Themenfeldern. Über werthaltigen und kontextbezogenen Content werden hier Themen besetzt, die den Kunden erst mittelbar zum Produkt oder zur eigenen Leistung führen. Dabei kommen jedoch nicht nur die Social Networks zum Einsatz, vielmehr wird ein Zusammenspiel aus Websites mit Gated Content (der Nutzer muss hier seine Kontaktdaten eingeben, um Whitepaper, Studien etc. herunterzuladen), Blogs, Social Networks und Presseaktivitäten orchestriert. Dabei kann das Content-Marketing cross-medial, das heißt online und offline, stattfinden. Wir werden das Thema Content-Marketing im Buch nicht im Detail betrachten, weil es genug Stoff für ein eigenes Buch bietet und wir uns in der Folge ja auf das Neuromarketing konzentrieren wollen.

1.2.2.3 Social Commerce

Wir leben inzwischen im Zeitalter vollständig optimierter Logistikketten und Bezahlsysteme. Der Kunde gelangt in modernen Online-Shops mit nur wenigen Klicks zum Check-out. Rechnungs- und Lieferadressen werden per Amazon- oder PayPal-Login automatisch gezogen. Eine Registrierung im Shop ist nicht mehr notwendig.

Die Kürze der Kaufstrecken ermöglicht das aktuell wahrzunehmende Wachstum von Social Commerce. Werbung und Verkauf verschmelzen und werden in einer Customer Journey vereint. Dabei spielen Website, Shop oder die eigene Facebook-Page gar keine Rolle mehr. Die Journey schickt den Kunden aus einem Social Media Ad sofort auf die Produkt-Detailseite. Und von dort geht es direkt in den Check-out-Prozess. Näher lässt sich heute der Kunde mit Werbung nicht an die Kasse bringen. Mal ganz abgesehen davon, dass sich aus den Social-Commerce-Aktivitäten Realtime KPIs analysieren lassen, was die Ausrichtung der Aktivitäten in einem bisher ungeahnten Ausmaß ermöglicht – und sogar eigene Geschäftsmodelle zulässt. So werden inzwischen viele Produkte nur noch über Social Networks beworben und vertrieben.

Natürlich gehören auch das Social Monitoring und die aktive Auseinandersetzung mit Kunden-Feedback und Kundenbewertungen zu den Herausforderungen, denen sich Unternehmen heute stellen müssen. Diese Disziplinen sind jedoch weniger im Marketing & Vertrieb, sondern vielmehr in der Unternehmenskommunikation anzusiedeln. Einigen wir uns darauf, dass es wichtige Disziplinen sind, konzentrieren wir uns hier aber auf die Vermarktung und schauen wir auf das nächste Handlungsfeld der digitalen Transformation.

1.2.3 Internet of Things (IoT): das Internet der Dinge

Es hatte sich lange angedeutet: Nach der Vernetzung der Unternehmen (Web) und der Vernetzung von Menschen (Social Networks) stand die Vernetzung der Dinge lange in unseren Strategie-Charts als nächste Stufe der digitalen Transformation. Heute befinden wir uns mitten im Rollout. Dabei ist das Internet der Dinge mindestens eine ebenso kraftvolle Bewegung wie damals der Einzug von Websites, Shops und Apps sowie der Social Networks. Das zeigen die Wachstumszahlen und Prognosen in diesem Bereich.

Aber worüber reden wir beim Internet der Dinge eigentlich? Im Internet der Dinge werden die physischen Gegenstände über das Internet vernetzt. Kommen wir zurück zur bereits erwähnten internetfähigen Kaffeemaschine. Sie ist als Maschine mit dem Internet verbunden, entweder über eine physische Anbindung per LAN-Kabel, über WLAN oder über einen aktiven SIM-Chip eines Mobilfunk-Providers. Durch die Internet-Anbindung wird eine Vielzahl von Services ermöglicht, die früher nur durch einen Service-Techniker erbracht werden konnten.

Die Maschine

- liefert in Echtzeit Daten über den Umsatz und die ausgelieferten Kaffeeprodukte;
- führt eigenständig Bestellungen durch, sobald ein bestimmter Füllstand unterschritten wird;
- gibt Fehler-Informationen automatisch aus, sobald der Betrieb an irgendeiner Stelle unterbrochen wird (zum Beispiel, weil ein Becher im Ausgabefach hängengeblieben ist).

Gleichzeitig bietet die Maschine durch die Internet-Anbindung eine Reihe von Services, die vor dem Internet der Dinge gar nicht möglich waren:

Der Hersteller

- kann die Preise in Echtzeit ändern und etwa der Nachfrage anpassen oder bundesweit auf Knopfdruck die Preise an allen Maschinen gleichzeitig ändern (wie es beispielsweise heute auch bei den Tankstellen per Internet-Anbindung funktioniert).

- kann Rezepte ändern (so zum Beispiel das Verhältnis Kaffee – Wasser) oder komplette Produkte austauschen im Display (morgens nur Kaffee, mittags auch Gemüsebrühe).
- kann einem Kunden helfen per »Voice over IP«-Verbindung zum Gerät.
- kann die Maschine aus der Ferne abschalten und dem Wartungstechniker die Geo-Lokalisierung des Gerätes schicken, inklusive der Angaben zum Fehler und zur erforderlichen Hardware für den Austausch beziehungsweise die Reparatur.

Was hat das alles mit Marketing zu tun? Aus unserer Sicht eine Menge. Denn wir wissen ja, dass im Marketing die 4Ps eine wesentliche Rolle spielen:
- Product,
- Price,
- Place,
- Promotion.

Aus den oben genannten Vorteilen der vernetzten Kaffeemaschine können wir bereits Einflüsse ableiten. Das Produkt erhält durch die vernetzten Services eine Differenzierung zum Wettbewerb. Darüber hinaus kann der Produzent der Kaffeemaschine für die vernetzten Services Geld verlangen und erschließt damit eine neue Erlösquelle, über den Verkauf der reinen Hardware hinaus. Er kann die Maschine beispielsweise günstiger anbieten und die Preisnachlässe über die Service-Gebühren mehr als ausgleichen. Damit steigt seine Wettbewerbsfähigkeit. Zum Thema »Place« kann der Hersteller der Maschine dem Käufer umfassende Standort-Analysen anbieten, da sämtliche Nutzungs- und Verkaufsdaten (ggf. auch anonymisiert) über die Service-Systeme des Herstellers laufen und nicht lokal beim Aufsteller bleiben. Gleichzeitig wird damit auch eine bessere Promotion möglich, da der Hersteller viel mehr Insights über die Nutzungsszenarien bei den Käufern/Aufstellern erhält.

Wie sich Produkte, Erlösmodelle und Kommunikation durch IoT verändern, kann man sehr schön in der Automobilindustrie erleben. Standen in den Jahrzehnten nach dem Krieg die technischen Fahreigenschaften im Zentrum der Kommunikation – von Allrad über Automatik und ABS bis hin zu den automatischen Fensterhebern und der Klimaanlage –, so wird jetzt von fast allen Herstellern mit digitalen Services geworben. Wir haben hierzu ja schon die neuen »Connected Services« von BMW in der Einleitung vorgestellt. Nachfolgend dazu passend die Veränderung der Kommunikation von Mercedes am Beispiel von Werbeanzeigen.

Abb. 19: Mercedes-Werbung aus den 1970er-Jahren – im Fokus das Automatikgetriebe. Im Vergleich dazu Werbung für ein aktuelles Modell – im Fokus die vernetzten Services inklusive dazugehöriger App.

Welche Entwicklung die vernetzten Maschinen nehmen, veranschaulichen die aktuellen Prognosen. Diese zeigen sowohl eine rasant wachsende Anzahl an vernetzten Maschinen als auch einen entsprechend wachsenden Umsatz mit den darauf basierenden Services. Sofern sich ein Marketingbereich nicht nur als Aufbereiter schöner Anzeigen und TV-Spots versteht, sondern strategisches Marketing betreibt, sind eine Auseinandersetzung und Zusammenarbeit mit der Produktentwicklung zwingend erforderlich. Darüber hinaus muss jedes Unternehmen sich heute darüber im Klaren sein, dass dem Serviceanteil von Produkten eine immer größere Bedeutung für die Differenzierung und für die Erlöspotenziale zukommt.

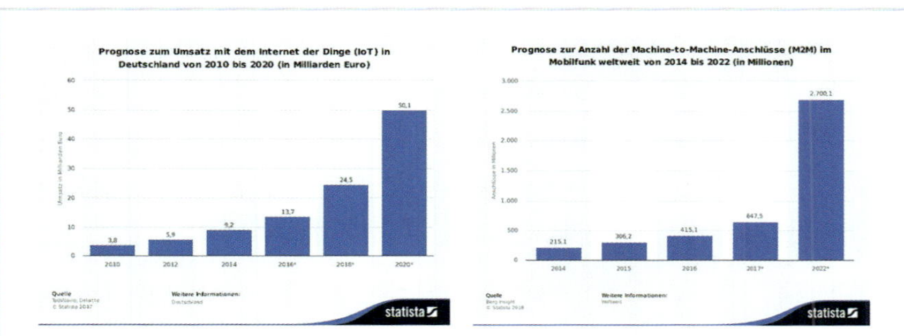

Abb. 20: Rasantes Wachstum in Umsatz und Stückzahl – das Internet of Things.

Aus der IoT-Entwicklung können wir aber noch mehr lernen. Denn sie zeigt, wie wichtig die horizontale Vernetzung und Kooperation im Zeitalter der Digitalisierung sind. Es geht nämlich nicht nur darum, die vertikale Fertigungstiefe zu digitalisieren – was natürlich auch wichtig im Sinne der Wettbewerbsfähigkeit ist. Es geht aber wesentlich auch darum, den Serviceanteil der Produkte und den

Nutzen für den Kunden durch die horizontale Vernetzung zu erhöhen. Horizontale Vernetzung bedeutet dabei, dass das Produkt mit Features ausgestattet wird, die nicht aus der eigenen Fertigung kommen, sondern von Unternehmen aus anderen Wirtschaftsbereichen bereitgestellt werden. Möglich wird diese Vernetzung durch Schnittstellen, sogenannte APIs (Application Programming Interfaces). Diese ermöglichen es heute, schnell und unkompliziert auf Dienste zuzugreifen und daraus Services zu entwickeln. Für die großen digitalen Player sind diese Services heute schon ein wesentlicher Baustein der Wertschöpfung.

Ein Beispiel: Die Firma SONOS hat ein einzigartiges Multiroom-Soundsystem entwickelt. Die einzelnen Lautsprecher kommunizieren über WLAN miteinander und lassen sich vernetzen. Für die Steuerung der Musik nutzen die Kunden derzeit noch überwiegend das Smartphone. Damit steuern sie ihr Apple iTunes, Amazon Music oder Spotify. Dabei folgt die Musik mir beispielsweise vom Wohnzimmer ins Bad und von dort ins Schlafzimmer oder ich kann das gesamte Haus beschallen. SONOS hat in der neuen Produktgeneration den Alexa Sprachservice von Amazon angebunden. Für die SONOS Produkte und die Kunden entsteht dadurch extremer Mehrwert. Der Kunde kann die Musik jetzt direkt durch Sprache steuern, die über die einzelnen Lautsprecher erfasst und von Alexa in Steuerungsbefehle umgewandelt wird. Das heißt, er braucht das Handy nicht mehr in jeden Raum mitzunehmen, sondern nutzt die SONOS Lautsprecher als Ausgabe- und Eingabegerät.

SONOS hat die Sprachsteuerung nicht selbst entwickelt, sondern hat die Amazon Technologie mit den eigenen Produkten vernetzt. Das Ganze funktioniert

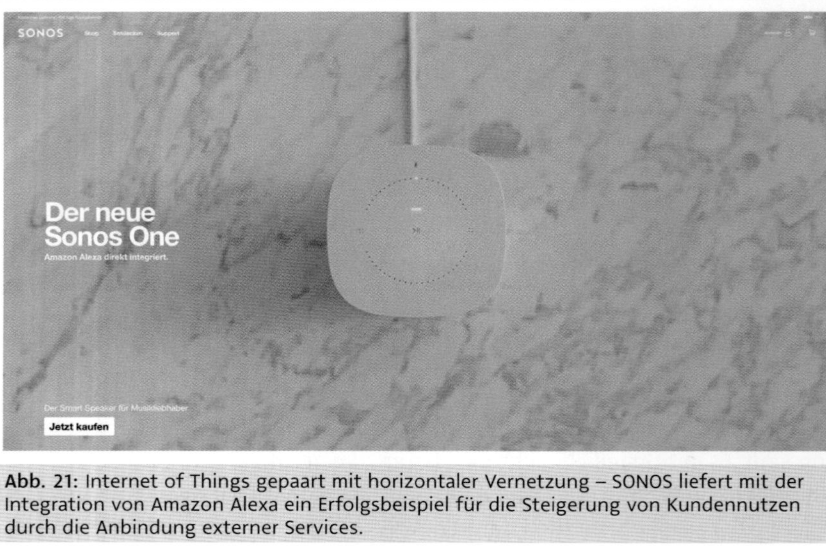

Abb. 21: Internet of Things gepaart mit horizontaler Vernetzung – SONOS liefert mit der Integration von Amazon Alexa ein Erfolgsbeispiel für die Steigerung von Kundennutzen durch die Anbindung externer Services.

über das Amazon Alexa SDK, eine dokumentierte Entwicklungsumgebung für Sprachservices auf Basis von Amazon Alexa. Natürlich steckt in diesem Business-Case eine Menge Internet of Things, werden doch die Lautsprecher mit dem Internet verbunden und sorgen Sensoren (in dem Fall Mikrofone) für die Steuerung. Aber im Wesentlichen wurden hier die Dienste und Produkte verschiedener Unternehmen im Sinne des Kundennutzens vernetzt. Und genau darum geht es in der digitalen Welt. Übrigens: Durch die Anbindung der Alexa Sprachtechnologie in den SONOS Systemen können natürlich auch andere Alexa Skills genutzt werden, die gar nichts mit Musiksteuerung und -wiedergabe zu tun haben. So können Sie mit den SONOS Lautsprechern im Endeffekt auch Banküberweisungen per Sprach-Interface tätigen und auch Sprachen lernen. Damit wird der Nutzen der SONOS Systeme zusätzlich massiv erweitert.

Jede Branche, jedes Unternehmen muss sich heute mit der Vernetzung der eigenen Produkte auseinandersetzen, möchte es nicht zum Ziel von Angriffen neuer Wettbewerber und Player werden. Was passiert, wenn diese Auseinandersetzung mit den neuen Möglichkeiten ausbleibt? Man kann sich das in der Bankenwelt sehr gut anschauen. Dort digitalisiert man fleißig Prozesse mit Online-Banking und Banking-Apps. Dort zeigt man auch Innovation, zum Beispiel mit Foto-Apps für Rechnungen. Man fotografiert die Rechnung und die für die Überweisung/Bezahlung notwendigen Daten werden vom System automatisch aus dem Dokument gelesen. Was man aber bisher bei den traditionellen Banken überhaupt nicht umgesetzt hat, ist die Weiterentwicklung der Produkte. Ein Girokonto ist immer noch ein Girokonto. Unterscheiden tut es sich von Bank zu Bank nur in den Konditionen und dem Wechselbonus, den die einzelnen Banken den Neukunden zahlen, wenn diese ein Konto eröffnen. So konkurrieren die Banken ohne Wettbewerbsvorteile und klagen gleichzeitig über das fehlende Ertragspotenzial bei den Girokonten.

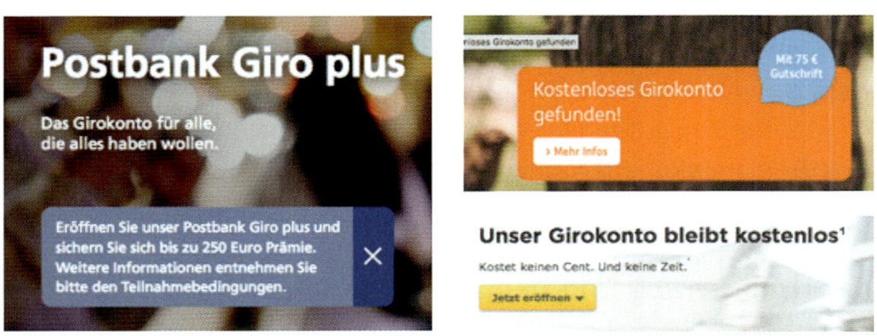

Abb. 22: Wenn die horizontale Vernetzung nicht stattfindet, werden Produkte austauschbar. Die Banken lassen das Potenzial der vernetzten Produkte bisher ungenutzt und konkurrieren ohne wirkliche Alleinstellungsmerkmale.

Einen vielversprechenden Ansatz, der zeigt, wie es anders geht, liefert HOLVI. Das finnische FinTech-Start-up hat die digitale Vernetzung auf das Geschäftsgirokonto angewendet und daraus ein neuartiges Produkt entwickelt. Es kombiniert ein klassisches Konto inklusive Kreditkarte mit einer papierlosen Buchhaltung sowie einer Plattform für die Rechnungsstellung. Und sogar ein kleines Online-Shop-Modul liefert HOLVI mit dem Konto aus. Damit differenziert sich HOLVI massiv vom Wettbewerb und schafft gleichzeitig Ertragspotenzial für das Kontoprodukt.

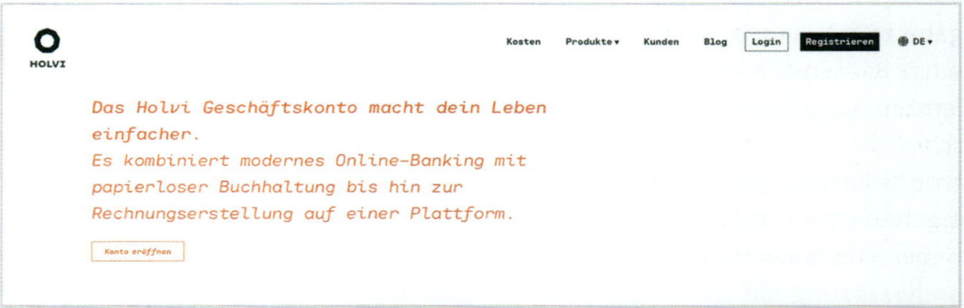

Abb. 23: Produkt-Differenzierung im digitalen Zeitalter. Das vernetzte Geschäftskonto von HOLVI – mit Services für Buchhaltung, Rechnungsstellung und mit Shop.

Wir werden später im Buch zeigen, wie sich auf Basis von vernetzten Produkten habitualisiertes Kaufverhalten entwickelt und damit aus Neuromarketing-Sicht erhebliche Wettbewerbsvorteile entstehen. Aber klar wird wohl bereits an dieser Stelle anhand des Beispiels HOLVI, dass ein reines Bankkonto weniger Kundenbindung schafft als ein Set aus Services, welche täglich in einer Vielzahl von Prozessen des Kunden eingebunden sind.

Schon jetzt kann man sehen, mit welcher Geschwindigkeit die digitale Vernetzung Produkte und Branchen verändert. Schon jetzt kann man sehen, dass die – vorwiegend digitalen – Services erheblichen Anteil am wahrgenommenen Kundennutzen haben. In vielen Bereichen und Branchen führt die Digitalisierung bereits heute zu radikalen und grundsätzlichen Veränderungen. Am Ende werden viele Produkte, Arbeitsplätze, Bargeld und Systeme vollständig in der Digitalisierung aufgehen. Womit wir bei der maximalen Ausbaustufe der Digitalisierung angekommen sind.

1.2.4 Virtualisierung und Dematerialisierung

Der Deutsche und sein Bargeld: eine Liebe, die nie zu enden scheint. Als Ende der 1990er-Jahre die Geldkarte eingeführt wurde, hat der Deutsche das ignoriert. Ein Taxifahrer in Deutschland wird immer noch unfreundlich, wenn man die Fahrt mit Kreditkarte bezahlen möchte – sofern er diese Möglichkeit überhaupt anbietet. Und während im Baumarkt alle SB-Scankassen frei sind, stellt der Deutsche sich immer noch lieber in die Schlange, um mit Bargeld zu bezahlen.

Man kann jetzt die Vermutung anstellen, dass die Liebe zum Bargeld viel mit Schwarzgeld zu tun hat, welches sich durch elektronische Konto-/Kartenvorgänge nicht einsetzen beziehungsweise verschleiern lässt. Ob das nun zutrifft oder nicht: Auf jeden Fall schwächt der Deutsche mit seinem Hang zum Bargeld die eigene Wirtschaft. Denn außerhalb deutscher Grenzen sieht die Welt schon ganz anders aus. Dort haben digitale Bezahlsysteme wie PayPal und Apple Pay schon wesentlichen Anteil am Transaktionsvolumen. Und dass die deutschen Banken erst so spät mit paydirekt einen Wettbewerber zu PayPal ins Rennen schickten, liegt mit Sicherheit auch daran, dass man bei den Banken zu lange an das Bargeld und das Bezahlen per Rechnung geglaubt hat. Und während die deutsche Wirtschaft über die Gefahren des digitalen Bezahlens diskutiert, werden reihenweise Geldautomaten gesprengt und Rentner beraubt.

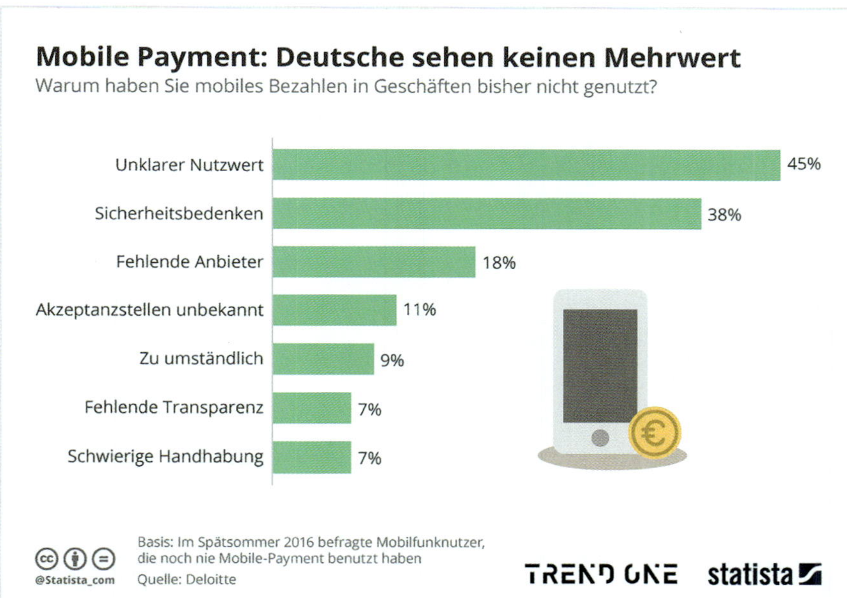

Abb. 24: Die Deutschen halten am Bargeld fest. Dies hat sowohl kulturelle, gesellschaftliche Ursachen als auch handfeste Gründe wie zum Beispiel Schwarzgeld.

Fest steht, dass das Bargeld über kurz oder lang auch in Deutschland einen schweren Stand haben wird. Denn in einer globalisierten Welt lassen sich Entwicklungen nicht regional eindämmen. Bei Amazon kann man nicht mit Bargeld zahlen. Im iTunes Store kann man nicht mit Bargeld zahlen. Die Taxifahrten über Uber kann man auch nicht bar bezahlen. Und auch die deutschen Banken haben letztlich dem Bargeld den Kampf angesagt, ist doch die Vorhaltung von Kassen-Diensten in der Filiale kostspielig und unrentabel. Aus Bargeld wird digitales, virtuelles Geld.

Was bedeutet diese Entwicklung aber für die Banken? Eine Menge! Denn immer mehr Zahlungstransaktionen gehen an den Banken vorbei und werden über PayPal & Co. abgewickelt, auch im nicht geschäftlichen Bereich. So sammeln Freunde heute das Geld für ein gemeinsames Geburtstagsgeschenk ein, indem sie sich Geld über ihr PayPal Wallet (das heißt ihre PayPal App) senden. Kunden sind nicht mehr bereit, 4,95 Euro für eine Bargeldabhebung an einem fremden Geldautomaten zu bezahlen. Das Geld für die Familie im Ausland wird per Kryptowährung wie Bitcoin transferiert. Das kostet deutlich weniger, funktioniert wesentlich schneller und umgeht in vielen Fällen das Geldwäschegesetz und die Steuer. Und in dem Umfang, in dem Transaktionen über digitale Payment-Dienste laufen oder in den Bereich der Kryptowährungen abwandern, verlieren die Banken und Kreditkarten-Unternehmen die Bindung und die Insights zum Kunden. Wussten sie bisher, was der Kunde über sein Konto kauft und bezahlt, bekommen sie jetzt nur noch eine Abbuchung von PayPal ohne Beschreibung, was genau mit dem Betrag bezahlt wurde. Damit sehen sich Banken und Kreditkarten-Unternehmen mit einer grundsätzlichen Neuordnung des Marktes konfrontiert. Und selbst die Staaten stehen unter großem Handlungsdruck, lassen sich doch die neuen, virtuellen Währungen und Bezahlsysteme kaum mit lokaler Gesetzgebung steuern.

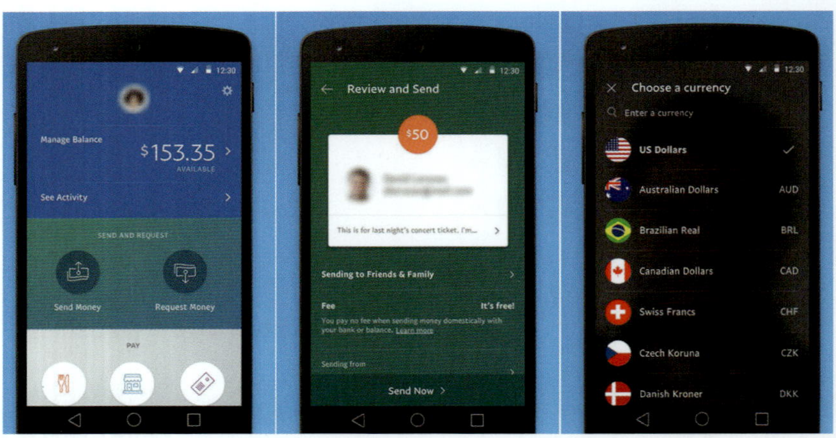

Abb. 25: Virtualisierung im Zahlungsverkehr – die PayPal App ersetzt Bargeld und Überweisung.

Wer sich heute noch nicht vorstellen kann, dass Kryptowährungen wie Bitcoin oder Etherium die Zukunft sein werden, der muss sich einmal mit einem der jungen IT-Spezialisten unterhalten. Der wird ihm sagen, dass die Wahrscheinlichkeit einer Datenlücke beziehungsweise eines erfolgreichen Angriffs auf eine Bank heute höher ist als das Hacken einer Kryptowährung. Der wird ihm sagen, dass die Bankdaten auf einer verteilten Serverstruktur auf Blockchain-Basis am Ende sicherer sind als im Rechenzentrum der einzelnen Bank. Und sind wir mal ehrlich: Früher haben die Banken die physischen Überweisungsbelege der Kunden in den Filialen eingesammelt, dann manuell erfasst und dann die Zahlungsaufträge mit den anderen Banken im System verrechnet. Diese Funktionen braucht es in der digitalen Welt nicht. Insofern ist es generell infrage zu stellen, ob Banken überhaupt noch nötig sind. Oder, wie Bill Gates es schon 1994 formulierte: «Banking is necessary, Banks are not.« Daher ist das Bild von virtuellen Banken und Währungen durchaus realistisch.

Aber die Virtualisierung hat heute schon ganz andere Bereiche erfasst. Werfen wir beispielsweise einen Blick auf den Bereich der Anlageberatung. Hier findet die Virtualisierung unter dem Stichwort »RoboAdvice« statt. In diesem Zusammenhang müssen wir erst eines klarstellen: Was da als Roboter bezeichnet wird, ist im Endeffekt gar kein Roboter, sondern ein Algorithmus, der unterschiedlich ausgeprägt künstliche Intelligenz erzeugt, um Anlageentscheidungen eigenständig zu treffen. Diese Entscheidungen trifft er auf Basis eines Risikoprofils und der individuellen Anlageziele des Kunden. Dabei ist der Algorithmus dem herkömmlichen Anlageberater in der Bankfiliale oder im Vermögensberatungs-Zentrum deutlich überlegen:

Er

- hat deutlich mehr Know-how, was die Anlageprodukte angeht, kennt Tausende beziehungsweise Millionen von Emissionsprospekten und hat diese analysiert.
- lernt schneller aus Fehlern und Entwicklungen als der Anlageberater.
- ist deutlich schneller als der Anlageberater und beschäftigt sich rund um die Uhr mit dem Portfolio des Kunden.
- kümmert sich auch mit ganzer Leidenschaft um Kunden mit weniger großen Portfolios.
- ist 24 Stunden an sieben Tagen der Woche für den Kunden ansprechbar, zum Beispiel für eine Auskunft oder um das Risikoprofil beziehungsweise die Anlagezielsetzung anzupassen.
- ist deutlich günstiger als der Anlageberater, verzichtet auf Sozialleistungen, wird nicht krank und bekommt auch keinen Urlaub. Er gibt sich mit Strom und Wartung durch die Programmierer zufrieden.

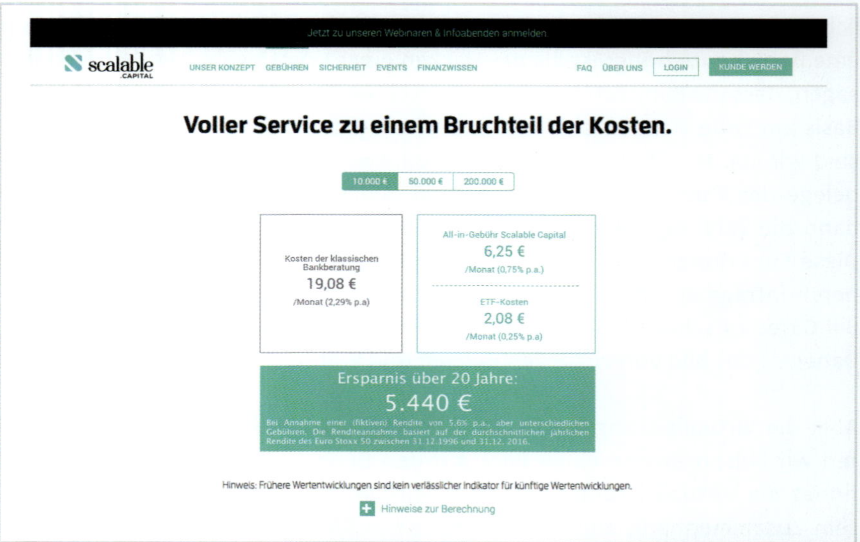

Abb. 26: Virtualisierung in der Beratung – RoboAdvisor ersetzen den Bankberater.

Die interessante Perspektive aus Neuromarketing-Sicht auf die Virtualisierung der Anlageberatung ist, ob und wann der Mensch dem Algorithmus mehr vertraut als dem Bankberater. Seit der Bankenkrise in 2008 spricht vieles dafür, dass Menschen dem Algorithmus eine Chance geben. Darüber hinaus hat der Bankberater heute eine viel weniger starke emotionale und enge Bindung zu seinem Kunden als noch vor Jahren. Damals wurden die Kunden in der lokalen Filiale betreut, gingen dort Bargeld und Kontoauszüge holen, nahmen an Veranstaltungen in der Filiale teil und sahen »ihren« Bankberater auch bei Veranstaltungen lokaler Vereine. Im Zuge der Filialschließung bei den Banken sowie durch die Verlagerung von Aufgaben aus den Filialen in Vermögensberatungs-Zentren ist die traditionelle Bindung zwischen Kunde und Berater heute oft deutlich weniger ausgeprägt. Ein Einfallstor für die RoboAdvisor. In dem Moment, in dem der Algorithmus – wahrscheinlich eingepackt in eine attraktive Marke – mehr Vertrauen vom Kunden bekommt als der Mensch, treten wir in ein ganz neues Kapitel des Bankings ein.

Bleibt noch der Bereich Service in der Bank. Und auch hier sehen wir aktuell eine starke Entwicklung in Richtung Virtualisierung. Einen Baustein werden die Chatbots bilden, die dem Kunden für Fragen und sämtliche Anliegen zur Verfügung stehen – völlig unabhängig von den Öffnungszeiten der Filiale. Dabei ermöglichen die Chatbots dem Kunden den Dialog über das favorisierte Medium, den Messenger. So lässt sich ein Service-Gespräch gemütlich vom Sofa aus führen, sei es nun über Texteingabe oder Voice-Services. Denn auch über einen Sprachdienst wie Amazon Alexa lassen sich Chatbots abbilden.

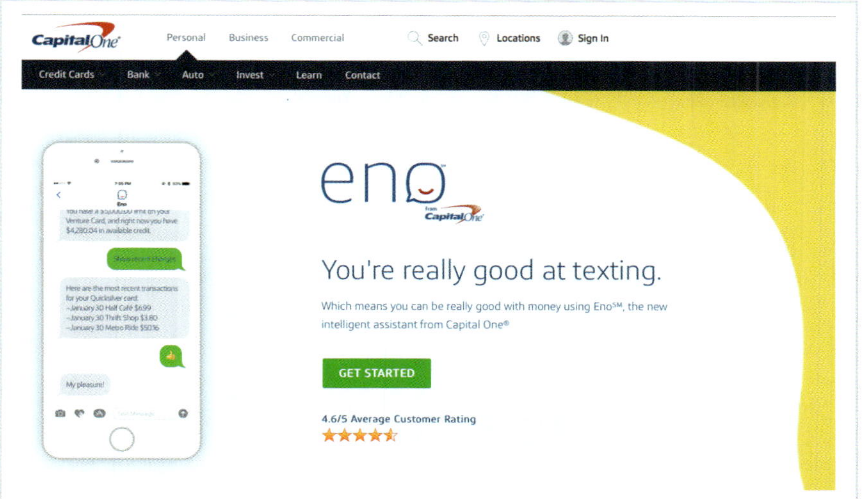

Abb. 27: Virtualisierung im Service – der Chatbot ersetzt die Servicekraft.

Am Beispiel der Banken sieht man, in welchem Ausmaß die Virtualisierung und Dematerialisierung eine Branche erfassen kann. Gleichzeitig zeigt der Erfolg der neuen digitalen Services, dass die Kunden Vertrauen zur Maschine beziehungsweise zum Algorithmus aufbauen. Spätestens in diesem Moment findet eine weitreichende Veränderung auch aus Neuromarketing-Gesichtspunkten statt.

Wenn wir über Virtualisierung und Dematerialisierung sprechen, können wir auch das produzierende und verarbeitende Gewerbe mit einbinden. Dabei kommt es im Wesentlichen nur darauf an, wie eng oder weit man die Begriffe fasst. Denn am Ende des Tages ist die Shareconomy auch nur Teil einer Dematerialisierung. Der Kunde zieht es vor, den physischen Gegenstand nach Bedarf nur zu nutzen, anstatt ihn zu besitzen. So verzichtet der Nutzer einer Car-Sharing-Plattform auf ein eigenes Auto und kauft sich Mobilität nach Bedarf ein. Die Autohersteller haben bereits auf diese Entwicklung reagiert. Viele investieren in entsprechende Geschäftsmodelle: BMW betreibt Drive-Now, Mercedes betreibt Car2Go, Volvo kooperiert mit Uber. Dabei bereiten sich alle Player auf einen Markt vor, in dem das physische Produkt als Kaufgegenstand keine Rolle mehr spielt, sondern nur noch der Mobilitätsservice on demand.

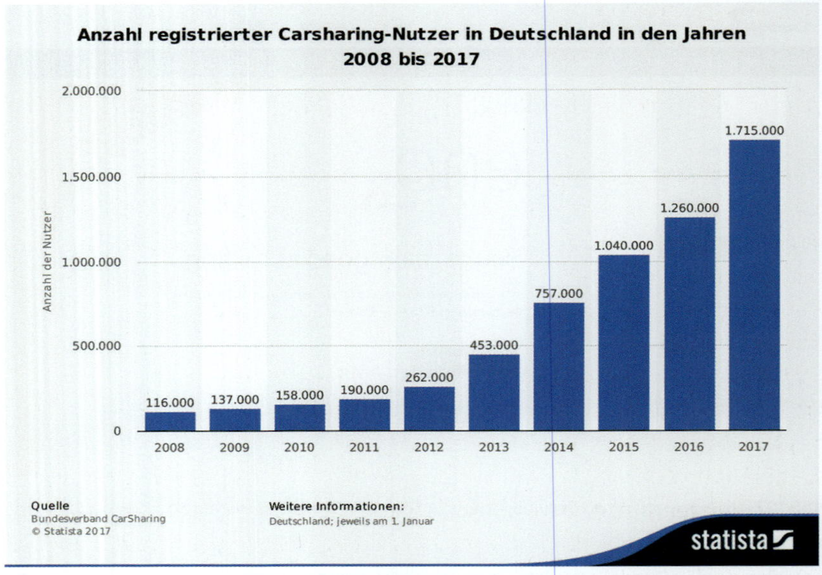

Abb. 28: Service statt Besitz – auch die Shareconomy ist Teil der Dematerialisierung. Die Hardware rückt in den Hintergrund. Der Service wird nach Bedarf genutzt.

Die vier beschriebenen Transformations- und Handlungsfelder stellen die Unternehmen vor massive Herausforderungen. Gleichzeitig bietet die digitale Transformation erhebliches Potenzial, Wettbewerbsvorteile zu erschließen, Marktanteile zu gewinnen oder in neue beziehungsweise bestehende Märkte vorzudringen. Dabei hilft einerseits das Verständnis für die vier Transformationsfelder, welches wir in den letzten Kapiteln zugrunde gelegt haben. Andererseits hilft das Wissen darüber, wie (Kauf-) Entscheidungen generell, aber insbesondere in den digitalen Kanälen im Kopf des Kunden entstehen. Dazu schafft das nächste Kapitel die Grundlagen.

2 Die Grundlagen des Neuromarketings

2.1 Die menschliche Kaufentscheidung im Internet

Jeden Tag treffen Sie Kaufentscheidungen. Ob im Supermarkt, an der Tankstelle, am Kiosk, im Restaurant oder auch im Internet: Die Zahl der online induzierten Kaufentscheidungen nimmt stetig zu. Dabei lassen sich die Kaufentscheidungen der Online-User, genau wie im klassischen Handel, generell in zwei Gruppen aufteilen. So gibt es einerseits die alltäglichen Kaufentscheidungen, die von geringer Bedeutung sind. Sie betreffen zum einen extrem kurzfristige, schnelle Entscheidungen, die mit wenigen Mausklicks und innerhalb weniger Sekunden umgesetzt werden. Der Kauf einer iPhone-App ist ein Beispiel oder auch der Kauf eines Buchs per 1-Click-Bestellung bei Amazon. Zum anderen werden im Internet heute auch bedeutsame längerfristige Kaufentscheidungen getroffen oder zumindest vorbereitet. Sei es der Kauf eines Pay-TV-Abonnements, die Buchung einer Kreuzfahrt oder die Bestellung eines kompletten Fenstersatzes für den Hausbau. In diesem Fall werden gewissenhaft Informationen eingeholt und ausgewertet. Dabei bedient man sich verschiedener Informationsquellen und Entscheidungshilfen, zum Beispiel Kundenbewertungsportalen oder Meinungen aus der Social Community.

Kaufentscheidungen werden noch weiter unterteilt und in vier Typen klassifiziert:

- impulsive,
- habitualisierte,
- limitierte und
- extensive.

Diese wollen wir uns nachfolgend genauer anschauen. Wesentliches Klassifizierungsmerkmal ist das Ausmaß der kognitiven Steuerung im Kaufprozess, das heißt die bewusste Abwägung von Informationen für oder gegen eine Kaufentscheidung (Abb. 29).

Entscheidungen mit stärkerer kognitiver Steuerung bilden die beiden Gruppen der extensiven und limitierten Kaufentscheidung. Solche mit geringer kognitiver Steuerung bilden die beiden Gruppen des habitualisierten Kaufverhaltens und der Impulskäufe (Foscht, Swoboda 2007).

Abb. 29: Ausmaß kognitiver Steuerung bei verschiedenen Typen von Kaufentscheidungen.

2.1.1 Extensive Kaufentscheidung

Angenommen, der nächste heiße Sommer steht vor der Tür und Sie als echter Grillmeister möchten Ihren Gästen zukünftig mehr bieten als den »Dreifußgrill« von der Tankstelle. Sie haben bereits im Gartencenter mit einem neuen Gerät geliebäugelt und starten jetzt den Weg ins Internet, um sich einen Überblick über das Angebot zu verschaffen. Die Eingabe des entsprechenden Suchbegriffs bei Google führt zu mehr oder weniger nützlichen Links in der Ergebnisliste (Abb. 30). Nach mehr als 30 Minuten stellen Sie fest, dass Sie zwar in Informationen ertrinken, aber doch nicht so richtig eindeutig erkennen, welcher Grill jetzt der beste für Sie ist.

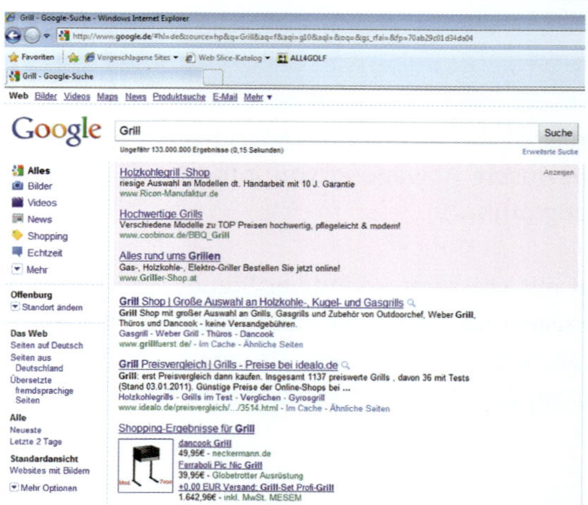

Abb. 30: Erschlagen von Informationen: Auf der Suche nach einem Grill bei Google.

Also wenden Sie sich an Ihr soziales Online-Netzwerk. Hier führt Sie der Weg zu Facebook, wo Sie über die Statusmeldung die Frage platzieren, wer einen Tipp für Sie hat. Das kann dann zum Beispiel so aussehen: »Auf der Suche nach einem hochwertigen Grill, der maximal 800 Euro kosten darf« (Abb. 31). Die Community postet Antworten und Kommentare, wobei sich innerhalb von ein paar Stunden eine wilde Diskussion zwischen Ihren »Freunden« entfacht, wer jetzt die beste Empfehlung hat. Jeder hat schließlich andere Erfahrungen gemacht oder Prioritäten gesetzt.

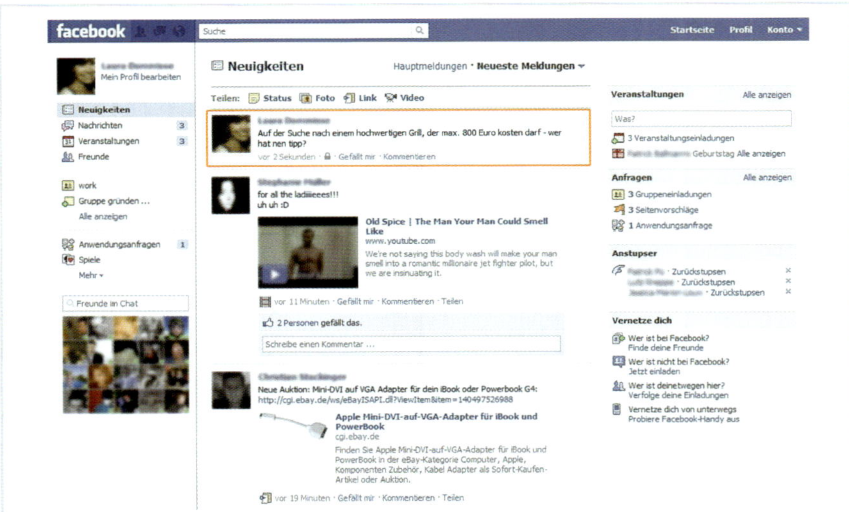

Abb. 31: Die persönliche Community unterstützt auf der Suche nach dem perfekten Grill mit den eigenen Erfahrungen.

Schon sind Sie mitten in einer extensiven Kaufentscheidung, also dem Typ, der einer ökonomisch rationalen Kaufentscheidung am nächsten kommt (Moser 2007). Ihr kognitiver Aufwand ist hoch. Produkteigenschaften werden sorgfältig analysiert, miteinander verglichen und in ein Gesamturteil integriert. Dabei wird nicht nur auf die eigenen Erfahrungen zurückgegriffen, sondern auch von dem Wissen anderer User des Internets profitiert.

Die Höhe des Preises eines Produkts ist dabei gar nicht mal der entscheidende Richtwert für die Entstehung einer extensiven Kaufentscheidung. Für den Hobbyangler kann die Wahl des richtigen Angelhakens von fundamentaler Bedeutung sein, sogar wenn das Produkt selbst nur wenig kostet.

Auch emotionale Prozesse sind bei extensiven Kaufentscheidungen sehr stark ausgeprägt, da die wirklichen Kaufabsichten erst im Entscheidungsprozess konkretisiert werden und die kognitive Steuerung der Produktauswahl zunächst auf der meist unbewussten Gefühlsebene »angeschoben« werden muss (Hetzel 2009). Extensive Kaufentscheidungen werden vor allem dann getroffen, wenn Käufer stark involviert sind, wenig Vorerfahrung mit einer Produktkategorie haben und die negativen Konsequenzen einer falschen Entscheidung schwer abwägen können. Dem Käufer sind zu Beginn wichtige Attribute und Kriterien, die das Produkt erfüllen soll, noch unbekannt. Die konkreten Kaufabsichten entstehen oft erst im Entscheidungsprozess (Moser 2007).

2.1.2 Limitierte Kaufentscheidung

Von einem Kollegen haben Sie erfahren, dass es die Mittelerde-Blu-ray-Sammlerbox, die »Der Hobbit« und die »Herr der Ringe«-Trilogie enthält, zu kaufen gibt. Im Kino waren Sie so begeistert von den Filmen, dass die Kaufentscheidung für die Sammlerbox bereits gefallen ist. Zur Kaufumsetzung klicken Sie auf den von Ihnen bevorzugten Online-Shop: Amazon (Abb. 32).

Kurz vor Durchführung des Kaufs sehen Sie, dass ein anderer Kunde, der auch die gleiche Sammlerbox gekauft hat, diese zusammen mit der Sammlerbox »Fluch der Karibik« erwarb. Da auch Sie diese Filme gut fanden, entschließen Sie sich, diese Box ebenfalls mitzukaufen. Dazu braucht es nur einen Mausklick auf einen separat promoteten Button (siehe orangefarbenes Rechteck in Abb. 32).

Sie sehen: Im Vergleich zu extensiven Kaufentscheidungen ist der kognitive Aufwand bei der limitierten Kaufentscheidung wesentlich geringer. Der Konsument durchläuft hier nur einen eingeschränkten, verkürzten Entscheidungsprozess (Moser 2007). Im Unterschied zum extensiven Verhalten beruhen die limitierten Entscheidungen auf Wissen und Erfahrungen. Sobald der Konsument ein Produkt gefunden hat, das seinen Ansprüchen und Vorstellungen genügt, beendet er den Kaufentscheidungsprozess, und weitere Produktalternativen bleiben unberücksichtigt (Scheer 2008). Es wird lediglich eine begrenzte Anzahl an Informationsquellen verwendet. Die Entscheidung wird zumeist innerhalb des sogenannten Evoked Set getroffen, also zum Beispiel präferierter und bereits bekannter Marken. Bei limitierten Kaufentscheidungen kommt der Online-Produktberatung die Rolle zu, über gezielte Vorschläge bisher unbekannte Produkte ins Evoked Set des Konsumenten oder passende Produkte des Evoked Sets in den Aufmerksamkeitsbereich des Kunden zu bringen.

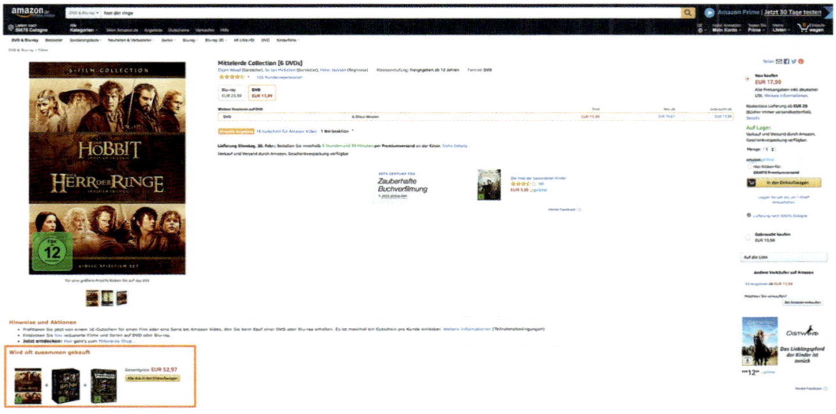

Abb. 32: Limitierte Kaufentscheidung bei Amazon.

2.1.3 Habitualisierte Kaufentscheidung

Sie haben vor Kurzem den Golfsport für sich entdeckt. Bei einer lockeren Samstagsrunde hören Sie von Ihren Mitspielern, dass ein guter Golfshop seine Produkte auch im Internet verkauft. In diesem Online-Shop bestellen Sie daraufhin Ihre Golfbälle. Und da Sie noch nicht so lange spielen und deswegen einen hohen Bälleschwund haben, müssen Sie regelmäßig nachordern. Zur Vereinfachung des Kaufvorgangs speichern Sie den Link mit den favorisierten Golfbällen in Ihren Favoriten ab (Abb. 33). Wenn Sie jetzt neue Bälle benötigen, reicht Ihnen ein Klick bei den Favoriten (Abb. 34).

Abb. 33: Gespeicherte Website in der Favoritenleiste.

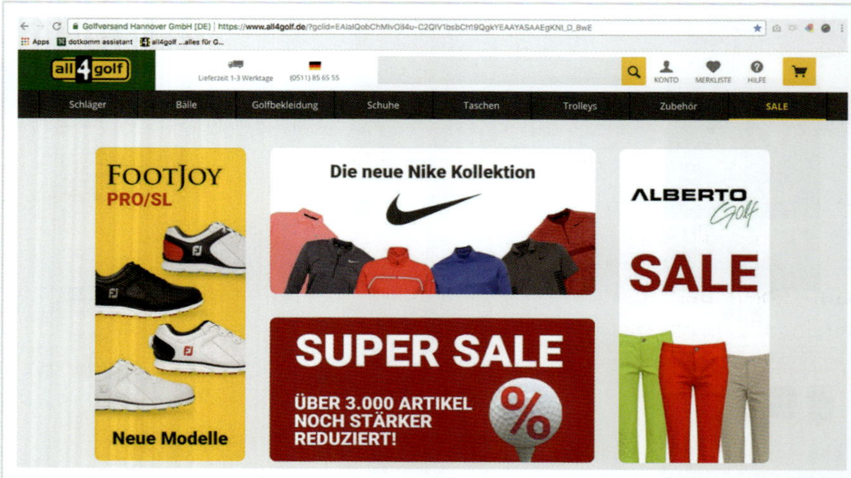

Abb. 34: Mit einem Klick bei Ihrem Favoriten.

Bei habitualisierten Kaufentscheidungen handelt es sich um Gewohnheitseinkäufe, das heißt um Güter des täglichen Gebrauchs. Der kognitive Aufwand ist minimal beziehungsweise kaum nennenswert (Moser 2007). Eine habitualisierte Kaufentscheidung findet verstärkt bei bekannten, vertrauten Produkten statt, die häufig gekauft werden. Diesen ist einmal ein komplexer Entscheidungsprozess vorausgegangen, dessen Ergebnis nun unverändert bleiben wird. Typisch ist dies bei häufig erworbenen Produkten mit geringem wahrgenommenem Kaufrisiko und niedrigem Preis (Hofbauer, Körner, Nikolaus 2008). Das Internet hat hier die Kernaufgabe, entsprechende Funktionen bereitzustellen, um das habitualisierte Kaufverhalten durch Funktionen auf der Website oder im Onlineshop optimal zu unterstützen.

2.1.4 Impulsive Kaufentscheidung

Sie sind auf der Suche nach einer neuen Jeans und gelangen per Suchergebnis in Google auf ein aktuelles Angebot bei eBay. Hier steigen Sie spontan in die Auktion ein, die nur noch zwei Minuten dauert (Abb. 35). Gebannt fiebern Sie bei der Auktion mit und geben im letzten Augenblick das entscheidende Gebot ab. Ob Sie die Jeans jetzt tatsächlich günstiger erstanden haben als im normalen Onlineshop, wissen Sie nicht. Dafür sind Sie aber noch begeistert darüber, dass Sie es allen gezeigt haben mit Ihrem Gebot. Impulskäufe sind durch hohe Reaktivität gekennzeichnet, das heißt durch spontanes, ungeplantes Handeln, durch den plötzlichen Drang, ein Produkt zu kaufen (Moser 2007). Die Entscheidung entsteht oft erst bei der Betrachtung des Produkts, ohne dass die vorherige Absicht bestand, es (in diesem Fall die Jeans) zu erwerben.

Impulskäufe stehen oftmals im Zusammenhang mit preiswerten Produkten, können aber auch hochpreisige betreffen, etwa einen Fernseher. Der kognitive Aufwand ist hierbei gering, Impulskäufe sind aktivierend und emotional (Moser 2007). Daher werden diese Kaufentscheidungen auch »Spontan-« oder »Affektkäufe« genannt. Dem Internet kommt bei diesen Kaufentscheidungen die Rolle zu, entsprechende Impulse auszulösen, wobei dafür nicht nur zeitlich befristete Aktionen geeignet sind. Auch das starke Gefühl von Vertrauen kann beim richtigen Produkt und bei einem bisher extensiv geführten Kaufprozess zum Impulskauf führen. Besonders in Zeiten, in denen im Internet unzählige Onlineshops miteinander konkurrieren, kommt dem Impuls eine entscheidende Rolle zu.

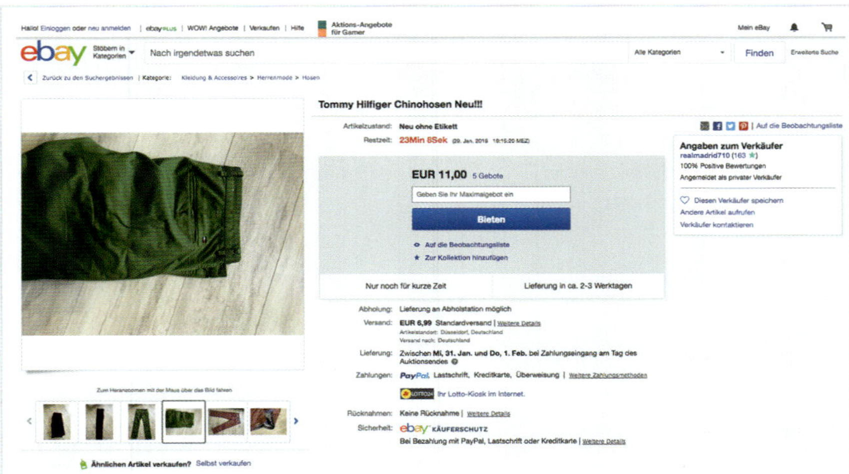

Abb. 35: »3 ... 2 ... 1 ... meins!«

Insofern sind es gerade die extensiven und impulsiven Kaufentscheidungen, die durch emotionale Aktivierung der Kunden positiv beeinflusst werden können. Aber auch bei limitierten und habitualisierten Kaufprozessen kann Neuromarketing durch die bewusste Steuerung der Aufmerksamkeit des Kunden positive Effekte auslösen.

2.1.5 Einflussfaktoren von Kaufentscheidungen

Der Mensch kann von verschiedenen Faktoren zu einer Kaufentscheidung verleitet werden. In der Literatur wird zwischen kulturellen, sozialen, persönlichen und psychologischen Faktoren unterschieden (Abb. 36).

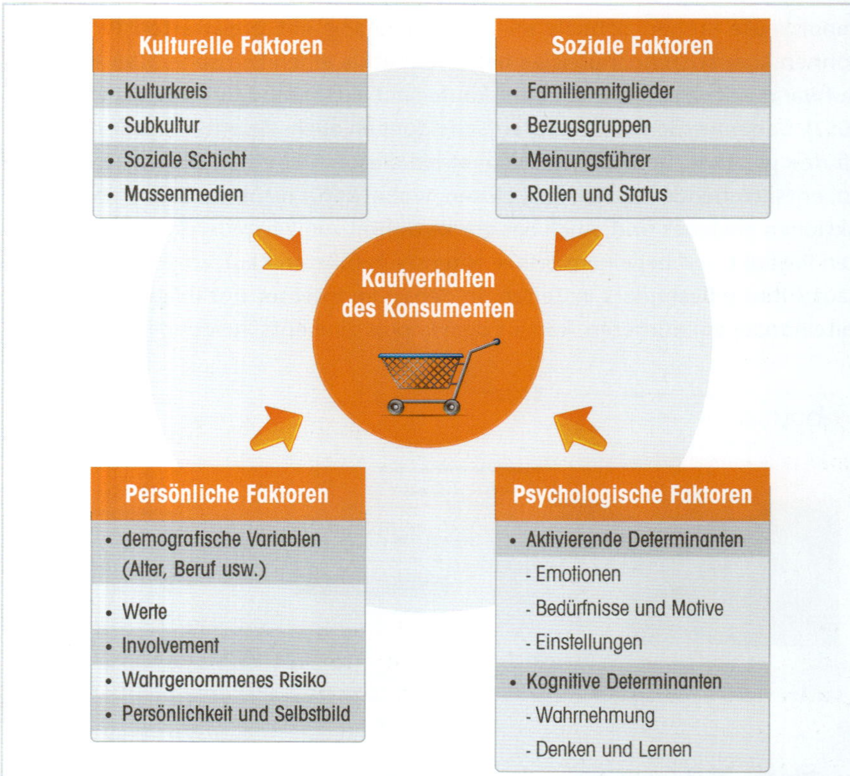

Abb. 36: Determinanten des Kaufverhaltens von Konsumenten.

Zu den kulturellen Faktoren zählen beispielsweise der Kulturkreis und die Massenmedien. Bei den sozialen Faktoren sind etwa Familienmitglieder und Freunde einzuordnen. Zu den persönlichen Faktoren zählen demografische Variablen wie etwa das Alter. Als letzter Einflussfaktor ist die Psychologie unter anderem mit den aktivierenden Determinanten, den Emotionen, oder auch den kognitiven Determinanten, dem Denken und Lernen, zu zählen (Abb. 36).

2.1.6 Das Internet hilft bei Kaufentscheidungen

Das Internet ist inzwischen *das* Medium zur Vorbereitung von Kaufentscheidungen. Dies zeigt auch eine repräsentative Studie des Hightech-Verbands BITKOM, die im Mai 2013 zum Thema »Kaufberatung via Internet« veröffentlicht wurde. Befragt wurden 1.063 Internetnutzer ab 14 Jahren. Die Studie ergab, dass bei Kaufentscheidungen heute in der Regel das Internet konsultiert wird. Vor einem Kauf greifen 58 Prozent der Bundesbürger auf Preisvergleichsseiten im Web zur Entscheidungshilfe über Produkteigenschaften oder Preise zurück. Die wichtigste Informationsquelle bei Kaufentscheidungen sind die Websites der Hersteller und Händler, die jeder Zweite (51 Prozent) aufruft, um Informationen zum gewünschten Produkt zu erhalten. Außer Tests und Hersteller-Informationen sind auch Erfahrungsberichte anderer Verbraucher im Web gefragt. Jeder dritte Internetnutzer (35 Prozent) konsultiert hierfür Blogs oder Webforen. Auf Verbraucherportalen mit Erfahrungsberichten sucht jeder Fünfte (22 Prozent) nach entsprechenden Informationen. Soziale Netzwerke werden vor allem von jüngeren Internetnutzern als Hilfe bei der Kaufentscheidung besucht. Jeder fünfte 14- bis 29-Jährige (19 Prozent) nutzt die Erfahrungen seiner Netzwerke-Freunde. Bei den 30- bis 49-Jährigen sind es nur 5 Prozent (www.bitkom.org).

Grundsätzlich werden die Kaufentscheidung sowie ihre unterschiedlichen Einflussfaktoren wie dargestellt kategorisiert. Mit dem Wissen aus dem Neuromarketing wird diese Kategorisierung allerdings aufgebrochen, wissen wir doch, dass ein erheblicher Teil der Informationen und Kaufentscheidungen von den Menschen unbewusst getroffen wird.

Wenn wir davon ausgehen, dass es den rationalen, kognitiv gesteuerten Internetkäufer nicht gibt, dann werden Kaufentscheidungen auch online zu einem großen Teil auf emotionaler Basis getroffen, also »aus dem Bauch heraus«. Und das trotz aller zur Verfügung stehender Informationsquellen. Das ist zwar generell keine neue Erkenntnis. Neu ist jedoch, dass wir die in unserem Körper ablaufenden Prozesse zum Zeitpunkt einer Kaufentscheidung sichtbar machen können. Das Thema »Neuromarketing« stellt insofern einen neuen Ansatz im Bereich der Erforschung des Kaufverhaltens dar. Es baut dabei auf dem sogenannten Stimulus-Organismus-Response-Modell auf.

2.1.7 Das Stimulus-Organismus-Response-Modell

Nehmen wir an, dass Sie im Internet surfen. Sie finden einen ansprechenden Onlineshop und kaufen ein Produkt. Beobachtbar sind einerseits der ausgelöste Stimulus, in diesem Fall der Onlineshop und seine Produkte, sowie die bei Ihnen ausgelösten Reaktionen. Dieser Prozess wird in der Konsumentenpsychologie häufig angewandt und als »Stimulus-Response-Modell«, kurz S-R-Modell, bezeichnet. Eine Weiterentwicklung des Modells stellt das Stimulus-Organismus-Response-Modell, kurz S-O-R-Modell, dar. Die Grundidee beider Modelle besteht in der Annahme, dass das Verhalten der Menschen von bestimmten Reizen beeinflusst wird.

Über das S-R-Modell hinausgehend, fügt das S-O-R-Modell den Faktor »Organismus« hinzu (Abb. 37). Unsere im Organismus ablaufenden Prozesse werden in diesem Modell als »Black Box« aufgefasst, so dass die Frage, welche Prozesse im Menschen zum beobachtbaren Verhalten führen, auf dieser Basis lange nicht erklärt werden konnten. Demnach beeinflussen individuelle Faktoren wie Lernen, Wahrnehmung, Gedächtnis, Aktivierung, Einstellung, Emotionen und Motivation die Wirkungsweise eines Reizes (Schmidt, Gizinski, Heidbred, Zierold 2004).

Das Ziel des S-O-R-Modells besteht darin, ein besseres Verständnis des Konsumentenverhaltens, das heißt der in unserem Organismus ablaufenden Prozesse, zu entwickeln. Innerhalb der Konsumentenforschung ermöglichten die bisher gebräuchlichen Methoden im Rahmen des S-O-R-Paradigmas keine Einblicke in die Vorgänge des menschlichen Organismus. Doch dank der neuen Disziplin Neuromarketing und des Einsatzes von Hirnforschungsmethoden können diese Vorgänge nun beobachtet werden: Welche Reaktion folgt in unserem Körper auf einen bestimmten Stimulus und inwieweit führt dies zu einer erhöhten Effizienz der Gehirnaktivitäten?

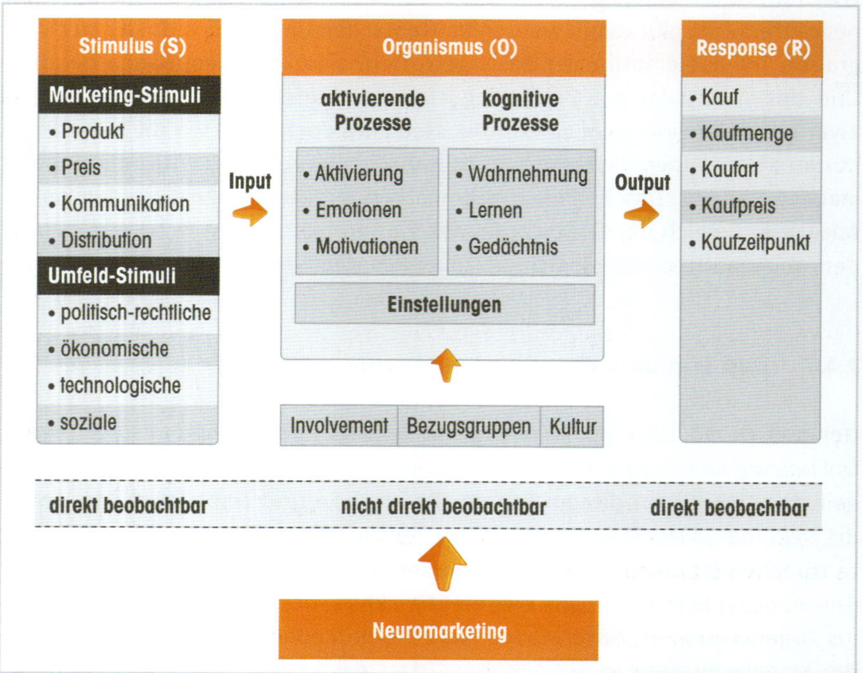

Abb. 37: Darstellung des S-O-R-Modells.

2.1.8 Der Autopilot als treibende Kraft bei der Kaufentscheidung im Internet

Die Neuromarketing-Forscher haben für die beschriebenen Vorgänge den Begriff des »Autopiloten« entwickelt. Unsere Kaufentscheidung wird durch den Autopiloten und Piloten gesteuert. Doch was ist darunter zu verstehen und warum spielt er eine so wichtige Rolle? Der Autopilot agiert weitestgehend unbewusst. Er ist von ausschlaggebender Bedeutung, denn heute ist klar, dass dieses System entscheidend für das Kaufverhalten ist. Dem renommierten Harvard-Professor Gerald Zaltman zufolge steuert das unbewusste System 95 Prozent des Kaufverhaltens (Häusel 2008). Nur verschwindend wenige Käufe werden folglich durch den Piloten getätigt.

Zu den mentalen Prozessen des Autopiloten zählen die Sinneswahrnehmungen, viele Lernvorgänge, Emotionen, unbewusste Markenimages, spontanes Verhalten und intuitive Entscheidungen (Abb. 38). Der Autopilot, auch »das implizite System« genannt, enthält also neben den Emotionen eine ganze Reihe kognitiver Prozesse. Unter »implizit« versteht man, dass ein Vorgang unbewusst, automatisiert und schnell abläuft. Der Autopilot regelt somit die gesamte nonverbale Kommunikation (Häusel 2008).

Abbildung 38 ist – bis auf das System des Autopiloten und Piloten – an das S-O-R-Modell angelehnt. Der User nimmt einen Code, das heißt einen Reiz, innerhalb eines Onlineshops auf. Dieser wird zu 95 Prozent im Autopiloten verarbeitet. In ihm sind auch die Codes von Marken, Produkten, Medien gespeichert – das emotionale und kognitive Arbeiten bleibt unbewusst. Wird eine Kognition durch bestimmte Markensymbole oder Medien hervorgerufen, so beeinflusst der Autopilot den User unbewusst beim Onlineshopping. Der Pilot verarbeitet die kognitiven Prozesse, die bewusst und steuerbar sind. Dieser Vorgang kann auch schlicht als »Nachdenken« bezeichnet werden.

Der unbewusst handelnde Autopilot wurde lange unterschätzt und darf auch im Internet nicht vernachlässigt werden. Bisher werden Websites und Onlineshops nämlich mit einer starken Orientierung auf Struktur, Navigation und Information entwickelt. Hier steht ein neues Zeitalter bevor. Zukünftig heißt es für jeden E-Commerce-Manager, an der Emotionalisierung zu arbeiten. Werden nämlich keine Emotionen beim User ausgelöst, erfolgt keine Response, was wiederum heißt, dass das Produkt nicht in den Warenkorb gelegt wird. Der Schwerpunkt muss zukünftig viel stärker auf den Autopiloten verlagert werden, nur so kann man sich von anderen Onlineshops differenzieren und die Conversion-Rate steigern.

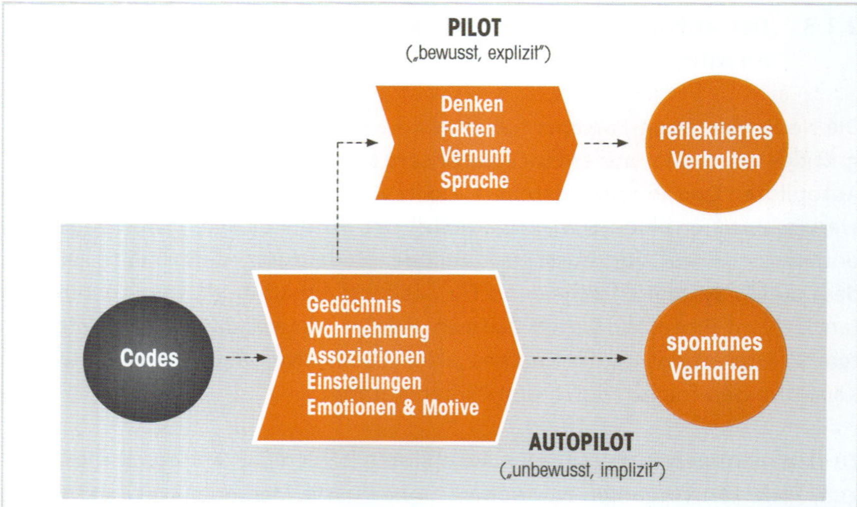

Abb. 38: Der Autopilot im Kopf steuert spontanes Verhalten; der Pilot sorgt für reflektiertes Verhalten.

2.2 Der Megatrend Neuromarketing

Was wäre, wenn wir in den Kopf des Kunden vordringen könnten, während er vor dem PC sitzt und online einkauft? Was passiert im Gehirn des Konsumenten zum Zeitpunkt der Kaufentscheidung? Inwieweit kann Neuromarketing im E-Commerce eingesetzt werden?

Unsere Großmütter hatten viele gute Weisheiten auf Lager. Aber sie taten halt auch noch Mehl auf Brandwunden. Und viele E-Commerce-Manager glauben nach wie vor an den bewusst und vernünftig handelnden Kunden, um abends nach getaner Arbeit in ihren BMW zu steigen, den sie wegen der »Freude am Fahren« gekauft haben.

Es steht fest, dass die Emotion wesentlichen Einfluss auf den Prozess der Kaufentscheidung hat. Und Emotion entsteht im Gehirn des Kunden. Doch welche Rolle spielen unsere Emotionen während des Surfens auf einer Website oder in einem Onlineshop?

Das Neuromarketing gibt uns Antworten und deckt die nicht sichtbaren Prozesse in unserem Organismus auf, während wir eine Kaufentscheidung treffen. Lange blieben diese Prozesse im Dunkeln. Unter dem Stichwort »Neuromarketing« wird eine völlig neue Perspektive auf das Online-Marketing eröffnet.

In den letzten Jahren erfährt das Neuromarketing eine immer stärker werdende Popularität. Das hängt von zwei entscheidenden Faktoren ab: Erstens sind die Funktionen einzelner Hirnregionen mittlerweile so weit erforscht, dass anhand von Aktivitäten dieser Hirnbereiche die Bedeutung für das Verhalten untersucht werden kann. Zweitens gab es einige technische Fortschritte in den sogenannten bildgebenden Verfahren (zum Beispiel fMRT), mit denen Neuromarketing überhaupt erst möglich wird.

Neuromarketing beschäftigt sich damit, wie Kaufentscheidungen im menschlichen Gehirn ablaufen und auch beeinflusst werden können (Häusel 2008). In der erweiterten Definition versteht man darunter die Nutzung der vielfältigen Erkenntnisse der Hirnforschung für das Marketing. In den letzten Jahren hat diese interessante Erkenntnisse zutage gefördert. So untermauert die aktuelle Forschung die Erkenntnis, dass der unbewusste Anteil an einer Entscheidung des Menschen um ein Vielfaches größer ist als der bewusste: Ungefähr 95 Prozent der mentalen Prozesse im menschlichen Gehirn laufen unbewusst ab.

Während die herkömmlichen Methoden der Marktforschung lediglich bewusst wahrgenommene Reize untersuchen, sieht sich das Neuromarketing in der Lage, auch unbewusste Abläufe im Gehirn aufzudecken und zu analysieren. Denn wenn wir wissen, dass 95 Prozent der mentalen Prozesse unbewusst ablaufen, dann kommen in der klassischen Marktforschung nur die Ergebnisse zutage, die der Mensch auch bewusst wahrnimmt. Der Mensch denkt jedoch nicht nur in Worten. Insofern bleiben in Interviews, Gruppendiskussionen, Onlinebefragungen und ähnlichen Aktivitäten viele Facetten der Kaufentscheidung unberücksichtigt.

Die Verbreitung des Neuromarketings in Deutschland ist nicht so weit fortgeschritten wie beispielsweise in den USA. Bis jetzt sind nur einige wenige Experimente und Untersuchungen in diesem Bereich in Deutschland durchgeführt und veröffentlicht worden. Jedoch ist zu erwarten, dass mit der stetigen Zunahme an Untersuchungen auch die Erfahrung im Neuromarketing entsprechend zunehmen wird. Eine der ersten Anwendungen von Neuromarketing ist die allgemein als »Pepsi-Studie« bekannte Untersuchung.

2.2.1 Coca-Cola oder Pepsi-Cola?

Welches der Getränke schmeckt Ihnen besser? Welche der beiden Marken bevorzugen Sie? Und für welche Marke würde sich Ihr Gehirn entscheiden? Dieser Fragestellung ging Dr. Read Montague im Jahr 2003 in einer Studie am

Baylor College in Houston, Texas, nach. In dieser Studie wurde in einer Gruppe von Konsumenten der Geschmack von Coca-Cola und Pepsi-Cola verglichen.

Während die Probanden beide Getränke (ohne vorherige Markennennung) zu sich nahmen, wurden die Hirnaktivitäten in einem Kernspintomografen gemessen. Bei allen Konsumenten zeigte sich während des Genusses von Pepsi-Cola eine stärkere Gehirnaktivität im Bereich des »Belohnungszentrums« als während des Genusses von Coca-Cola. Auf die Frage hin, welches Getränk ihnen besser geschmeckt habe, entschied sich die Mehrheit für Pepsi. Als in einem zweiten Durchgang den Probanden mitgeteilt wurde, welches Getränk sie zu sich nahmen, änderte sich das Bild im Kernspintomografen und ebenso die Meinung der Testpersonen: Solange die Probanden nicht wussten, um welche Marke es sich jeweils handelte, schnitt Pepsi also deutlich besser ab. Erst als die Marke erkennbar gemacht wurde, lag Coca-Cola weit vorn.

Das Wissen, dass es sich um die Marke Coca-Cola handelte, führte offensichtlich zu einer Veränderung der Gehirnaktivität und auch der Präferenz. Es scheint sich die Vermutung zu bestätigen, dass die Probanden bei der Darbietung der Marken zusätzlich Erinnerungen, Assoziationen und andere nichtgeschmackliche Eindrücke in die Entscheidung miteinbezogen haben. Diese Faktoren hätten somit die Wirkung des Geschmacks letztlich überlagert. Es wird angenommen, dass mit der Marke Coca-Cola mehr positive Assoziationen und Selbstwertgefühle als mit Pepsi-Cola verbunden werden. Es zeigt sich, dass einem Produkt dann besondere Eigenschaften und Qualitäten zugeschrieben werden, wenn die dazugehörige Marke ein starkes Image hat und viele Assoziationen im Kopf des Konsumenten hervorruft. Die positiven Erinnerungen und Emotionen wirken folglich stärker als der Geschmack (Zimmermann 2006).

2.2.2 Welchen Einfluss hat der kulturelle Hintergrund auf die Wahrnehmung?

Eine weitere spannende Studie wurde in einem Review-Artikel im Jahre 2011 veröffentlicht. Anhand von Pepsi-Cola- und Coca-Cola-Werbespots wurden die unterschiedlichen Wahrnehmungswelten anderer Kulturen aufgezeigt.

Die Studie wurde von Giovanni Vecchiato und anderen Mitarbeitern der Universität Rom unter Nutzung von EEG-Messungen durchgeführt. Dabei wurde bei 15 Testpersonen aus Italien und 13 Testpersonen aus China ein Elektroenzephalogramm (EEG) aufgenommen, während die Personen Werbespots zu Pepsi-Cola und Coca-Cola betrachteten. Der Vorteil einer EEG-Untersuchung besteht in der guten Zeitauflösung. Denn bei einem Werbespot können sich die Reaktionsmuster in Bruchteilen einer Sekunde verändern. Die zentrale Erkenntnis aus der Studie lautet: »Die Ergebnisse dieser Studie scheinen die Beobachtung zu stützen, dass beide Gruppen (Chinesen und Italiener) dazu tendieren, sehr sensitiv auf die Präsentation der Marke zu reagieren. Dabei reagierten die Chinesen nicht so sehr, wenn bei der Präsentation ein einzelner Darsteller die Szene dominierte, während für die Italiener das genaue Gegenteil zutraf.« Für die chinesischen Fernsehzuschauer ist die zentrale Figur also besser in eine Gruppe eingebunden, denn das Vergnügen an der Marke wird gemeinsam gelebt. Für das italienische Publikum wird mehr Aufmerksamkeit generiert, wenn eine einzelne Person im Mittelpunkt steht.

Die Studie ist ein gutes Beispiel für das Vorgehen der Neurosoziologie. Im Zentrum steht nach wie vor die Soziologie in ihrem Verständnis kultureller Unterschiede. Durch neurowissenschaftliche Methoden können soziologische Hypothesen gestärkt oder verworfen werden. Hier kann es dazu beitragen, einen tieferen Einblick in die Wahrnehmungswelten anderer Kulturen zu gewinnen (www.neuroketing.wordpress.com, 2012).

2.2.3 Was sagt Ihr Gehirn zu einem Sportwagen?

Den ehemaligen amerikanisch-deutschen Großkonzern DaimlerChrysler interessierte die Frage, wie bestimmte Autotypen auf das Gehirn von Männern wirken. Während dieser Studie wurden zwölf männlichen Probanden jeweils 22 Schwarzweißfotos von Sportwagen, Limousinen und Kleinwagen in einer zufälligen Reihenfolge gezeigt. Während des Versuchs lagen die Testpersonen in einem Kernspintomografen, in dem ihre Gehirnaktivität aufgezeichnet wurde. Nach jedem gezeigten Bild sollten die Probanden eine Attraktivitätsbewertung zwischen eins und fünf geben, wobei eins für geringe und fünf für hohe Attraktivität stand.

Die Forscher entdeckten, dass beim Anblick der Sportwagen die Aktivität im sogenannten Nucleus accumbens – einem kleinen Kern im limbischen System, der als das Belohnungszentrum des Gehirns gilt – deutlich höher war als bei der Betrachtung von Kleinwagen und Limousinen. Neurobiologisch lief Folgendes ab: Die Neuronen innerhalb dieses Kerns wurden bei Wahrnehmung des Reizes durch den Neurotransmitter Dopamin aktiviert. Aufgrund dessen wurden endogene Opiate freigesetzt. Das sind Nervenstoffe, die im Zusammenhang mit Gefühlen von Wohlbefinden sowie Lust stehen und das Selbstwertgefühl des Menschen stärken. In der Studie konnte aufgezeigt werden, dass die Wahrnehmung von Objekten, die mit Reichtum und sozialer Dominanz in Verbindung gebracht werden – in diesem Fall ein Sportwagen –, zu einer erhöhten

Aktivierung von Gehirnbereichen führt, die mit Belohnung und Selbstwertgefühl in Zusammenhang stehen. Für die Markenwirkungsforschung haben diese Erkenntnisse insofern Bedeutung, als dass die Freisetzung von Opiaten beziehungsweise eine erhöhte Aktivität des Nucleus accumbens bei Wahrnehmung eines Reizes als Zeichen dafür gedeutet werden kann, dass die Testpersonen eine positive Einstellung gegenüber einem Objekt oder auch einer Marke besitzen (Zimmermann 2006). Mithilfe der aufwendigen bildgebenden Verfahren kann also die Aktivierungs- und Wahrnehmungswirkung direkt im Kopf des Konsumenten beobachtet werden.

2.2.4 Was sagt das Gehirn eines Rauchers?

In einer Studie, die im Mai 2012 in der Psychological Science veröffentlicht wurde, haben Wissenschaftler der Universität von Kalifornien die Gehirnaktivität von 31 Probanden bei der Betrachtung von Anti-Raucher-Werbung analysiert. Außerdem befragten sie die Probanden darüber, ob sie die Kampagnen mögen und ob sie glauben, dass diese ihr Verhalten verändern können. Die Forscher entdeckten dabei, dass die Aktivität in einer Region des Gehirns die Effektivität von Werbespots bei den meisten Menschen voraussagen kann.

Der Versuchsaufbau sah wie folgt aus: Den Probanden wurden drei unterschiedliche Werbespots gezeigt. Die Werbespots forderten dazu auf, eine »Nichtraucher-Hotline« anzurufen. Dabei wurde die Gehirnaktivität der Probanden mit der tatsächlichen Performance der Spots im Hinblick auf die Anrufrate verglichen. Das heißt, je mehr Probanden nach dem Anblick eines Spots zum Hörer griffen, umso effizienter war der Spot tatsächlich. Dabei konzentrierten sich die Forscher auf eine Unterregion des medialen präfrontalen Kortex (MPFC). Allerdings beobachteten sie zu Kontrollzwecken auch die Aktivität in anderen Regionen des Gehirns. Sie konnten zeigen, dass die Kampagne, welche die größte Aktivität in der MPFC-Region generierte, auch zu deutlich mehr Anrufen bei dieser Hotline führte. Die Probanden waren dabei nicht in der Lage, den Spot zu identifizieren, der ihr Verhalten ändern würde. Ganz im Gegenteil, denn der Spot, der von den Probanden als der wahrscheinlich ineffektivste eingestuft wurde, war tatsächlich der, der am besten funktionierte.

Neben den Probanden wurden noch Experten aus der Industrie befragt, die ebenfalls voraussagen sollten, welcher Spot die beste Wirkung haben würde. Diese sogenannten Fachleute lagen ebenso falsch wie die Probanden.

Wie die Forscher selbst feststellen, handelt es sich hierbei um einen neuen Ansatz, der die neuronalen Antworten auf Werbespots (Aktivität) direkt mit dem Verhalten verlinkt, das durch diese Spots ausgelöst wird (www.neuromarket.wordpress.com, 2012). Die gemessenen Gehirnaktivitäten weichen also erheblich von eigenen Einschätzungen der Probanden ab. Daher ist im Zweifel eher auf die beschriebenen Methoden und ermittelten Tendenzen abzustellen als auf die Befragung durch die potenziellen Nutzer.

2.2.5 Aufbau und zentrale Bereiche unseres Gehirns

Welches sind die entscheidenden Bereiche in unserem Gehirn? Wo findet die Kaufentscheidung statt?

Faszinierend ist, dass sich Grundfunktionen unseres Gehirns trotz der Schnelllebigkeit in unserem Umfeld nicht verändern. In der Steuerzentrale des gesamten Körpers bilden Milliarden Nervenzellen den Kern, dessen Hauptfunktion es ist, Erregungen aufzunehmen, zu verarbeiten und wieder abzugeben.

Im Inneren unseres Großhirns liegen die Basalganglien, der Thalamus, der Hippocampus und die Amygdala. Darunter befinden sich der Hypothalamus, das Mittelhirn, das Kleinhirn und der Hirnstamm. Für das Verständnis unseres Themas sind folgende Hirnregionen von entscheidender Bedeutung: Großhirn, Zwischenhirn und der Hirnstamm.

Lassen Sie uns vorweg eine vereinfachte Betrachtung unseres Gehirns vornehmen, um seine grundlegende Funktionsweise im Hinblick auf das Neuromarketing zu verstehen:

Den Erkenntnissen von Dr. Christophe Morin und Patrick Renvoisé folgend, ist der innerste Teil unseres Gehirns, bestehend aus Kleinhirn und dem Hirnstamm, evolutionär betrachtet der älteste Teil. Diesen teilen wir nicht nur mit den Säugetieren, sondern auch mit Reptilien. Dieses Reptiliengehirn ist für die instinktiven Mechanismen unseres Körpers zuständig. Und nicht nur das, es ist auch der Part, der für die finalen Entscheidungen zuständig ist. Kann dieser Teil überzeugt werden, müssen die anderen Bereiche nur noch unsere Entscheidung dem Bewusstsein gegenüber rechtfertigen.

Der nächste Bereich ist das mittlere Gehirn. Diesen Part haben wir gemein mit Säugetieren, die zu emotionalen Reaktionen fähig sind, wie zum Beispiel einige Affenarten oder Hunde. In diesem Bereich werden die Emotionen und Gefühle verarbeitet. Man könnte sagen, dass hier das Bauchgefühl liegt.

Den evolutionär jüngsten Bereich unseres Gehirns bildet das Großhirn. Hier werden die bewusst ablaufenden Prozesse verarbeitet. Diese Erkenntnisse werden mit den beiden anderen Regionen geteilt und rechtfertigen am Ende unsere Entscheidung.

Sie sehen: Im Hinblick auf eine gute Conversion-Rate ist es wichtig, das Reptiliengehirn zu erreichen, damit dieses unterbewusst seine Entscheidung treffen kann, die im Nachhinein nur noch vom Bewusstsein gerechtfertigt werden muss.

Hierzu führen Morin und Renvoisé verschiedene Stimuli auf, die die Entscheidungsfindung für unser Unterbewusstsein vereinfachen. So sollten stets die unterbewussten Painpoints der Zielgruppe adressiert werden, da unser Reptiliengehirn ein egozentrisches Wesen ist, das nur dann angesprochen wird, wenn es einen Einfluss auf unser Wohlbefinden/Überleben feststellt. Kontraste vereinfachen die Entscheidungsfindung, seien es farbliche Kontraste oder Vergleiche (Vorher/Nachher, mit/ohne etc.). Wichtig ist auch, dass es sich um greifbare Formen der Darstellung handelt, die auf einen Blick erfasst werden können. Komplizierte Strukturen oder Ähnliches sorgen dafür, dass diese bewusst verarbeitet werden müssen. Die Erkenntnisse müssen dann wieder zwischen den Gehirnregionen geteilt werden, was einen erhöhten Energiebedarf bewirkt. Da unser Reptiliengehirn aber für unser Überleben sorgen muss, werden komplizierte Zusammenhänge eher negativ beurteilt.

Weiterhin gilt es, das Reptiliengehirn nicht zu langweilen: Ändert sich etwas in unserer Umwelt, sind wir sehr aufmerksam, da es sich um eine Gefahr für unser Wohlbefinden handeln könnte. Merkt unser Reptiliengehirn, dass keine Gefahr besteht, geht es wieder in den Autopilotenmodus über und unsere Aufmerksamkeit lässt deutlich nach. Aus diesem Grund ist es wichtig, immer wieder Spannungsbögen aufzubauen, um die Aufmerksamkeit neu zu entfachen. Immer, wenn wir eine hohe Aufmerksamkeit haben, müssen dann die wichtigen Informationen gezeigt werden, damit diese im Unterbewusstsein gespeichert werden können. Sinnigerweise sind diese dann sehr einfach und eingängig dargestellt, denn unser Reptiliengehirn kann am einfachsten Bilder verarbeiten und speichern. Der Speicherungsprozess wird noch einmal verstärkt, wenn gleichzeitig ein emotionaler Cocktail kreiert wird.

Ein Beispiel: In einem Vortrag kann Aufmerksamkeit generiert werden, indem man rhetorische Fragen an das Publikum richtet. Bei den Zuschauern wird nun Adrenalin ausgeschüttet, denn sie haben Angst, dass sie die Fragen beantworten sollen. Die Aufmerksamkeit des Reptiliengehirns ist jetzt vorhanden. Kurz darauf werden eine oder mehrere Fragen vom Referenten selbst beantwortet. Die Zuschauer realisieren, dass sie sicher sind. Sie sind glücklich, nicht antworten zu müssen. Im Gehirn werden nun Glückshormone aufgeschüttet. Während dieser emotionale Cocktail im Gehirn ist, müssen die wichtigsten Informationen präsentiert werden (Morin/Renvoisé 2005, Ekmen 2017).

Schauen wir uns nun im Detail die verschiedenen Gehirnbereiche an.
Erfahren Sie, wofür diese zuständig sind.
Die Funktion des Hirnstamms liegt hauptsächlich in der Kontrolle lebenswichtiger Grundfunktionen wie Atmung, Herzschlag, Blutkreislauf und Schlaf-Wach-Rhythmus. Die Steuerung und Feinabstimmung der stützmotorischen Anteile von Haltung und Bewegung, der Blick-, Ziel- und Sprachmotorik übernimmt das Kleinhirn (Abb. 39).

Die Großhirnrinde ist in eine rechte und eine linke Hälfte aufgeteilt, die beiden Hemisphären (Häusel 2002). Diese stehen in einer Wechselbeziehung zueinander, da sowohl Sprache als auch Bilder jeweils sprachliche und bildliche Assoziationen hervorrufen (Kroeber-Riel, Esch 2004). Folgendes Beispiel zeigt den engen Zusammenhang zwischen den beiden Hemisphären: 24 Probanden wurden in zufälliger Reihenfolge zwei Kaffeemarken präsentiert. Im Anschluss daran wurden sie aufgefordert, sich für eines der Produkte zu entscheiden. Mithilfe der Magnetresonanztomografie konnte die neuronale Aktivität des

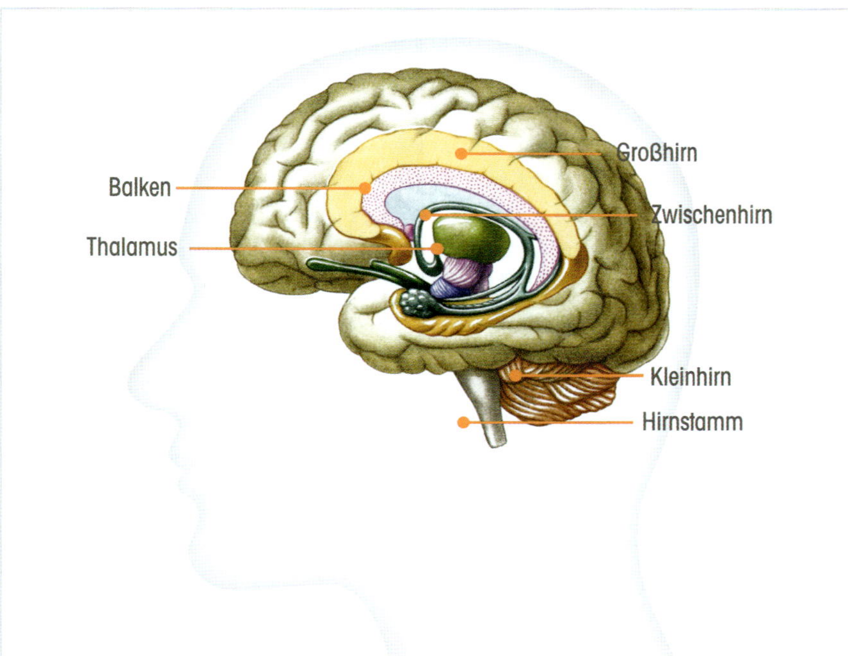

Abb. 39: Unser Gehirn.

Markenstimulus im Gehirn gemessen werden. Das Ergebnis zeigte, dass die beobachteten Aktivierungsmuster in beiden Gehirnhälften zu finden waren (Raab, Unger 2005). Damit konnte bewiesen werden, dass emotionale und rationale Prozesse anatomisch nicht klar trennbar, sondern in funktionalen Netzwerken sehr eng miteinander verknüpft sind. Auf unser Thema bezogen: Auch im Internet können wir nicht davon ausgehen, dass es dem kaufinteressierten »User« nur um den Preisvergleich geht. Auch hier beeinflussen emotionale Prozesse die Kaufentscheidung. An dieser Stelle sei bereits darauf hingewiesen, dass Botschaften, die zeitgleich über verschiedene Wahrnehmungskanäle eingespielt werden, die Wirkung im Gehirn um ein Vielfaches verstärken. Auf diesen interessanten Bereich werden wir später noch expliziter eingehen.

2.2.6 Das limbische System – Machtzentrum in unserem Gehirn

Eine ganz wichtige Gehirnstruktur ist das limbische System, das wesentlich an der Emotionsverarbeitung beteiligt ist und aufgrund dessen im Neuromarketing immer wieder im Zentrum der Aktivitäten und der Berichterstattung steht. Es ist unter anderem für die emotionale Bewertung und Verarbeitung von Informationen sowie die unbewusste Verhaltenssteuerung zuständig. Welche Wirkung Onlineshops auf uns haben, wie wir eine Einstellung gegenüber diesen bilden und was wir letztlich in den Warenkorb legen, all dies wird auf Basis emotionaler Kriterien in unserem limbischen System entschieden.

Doch kommen wir zunächst zu seinen wichtigsten Akteuren (Abb. 40). Das sind Teile des präfrontalen Kortex, die zwei Amygdalae (»Mandelkerne«), der Hippocampus, der sogenannte mesolimbische Bereich mit dem vorderen Teil der Basalganglien, die hintere Kerngruppe des Hypothalamus mit dem Corpus mamillare und einige Bereiche und Kerne im Hirnstamm (Häusel 2002).

Die Amygdala ist maßgeblich an der emotionalen Bewertung von Objekten beteiligt. Früher hatte man angenommen, dass sie nur für Angst- und Furchtbewertungen verantwortlich ist. Heute weiß man, dass sie Teil aller großen Emotionssysteme ist (Häusel 2002). Die Amygdala steuert Affektverhalten/-motorik, emotionales Lernen und beeinflusst vegetative und sexuelle Funktionen.

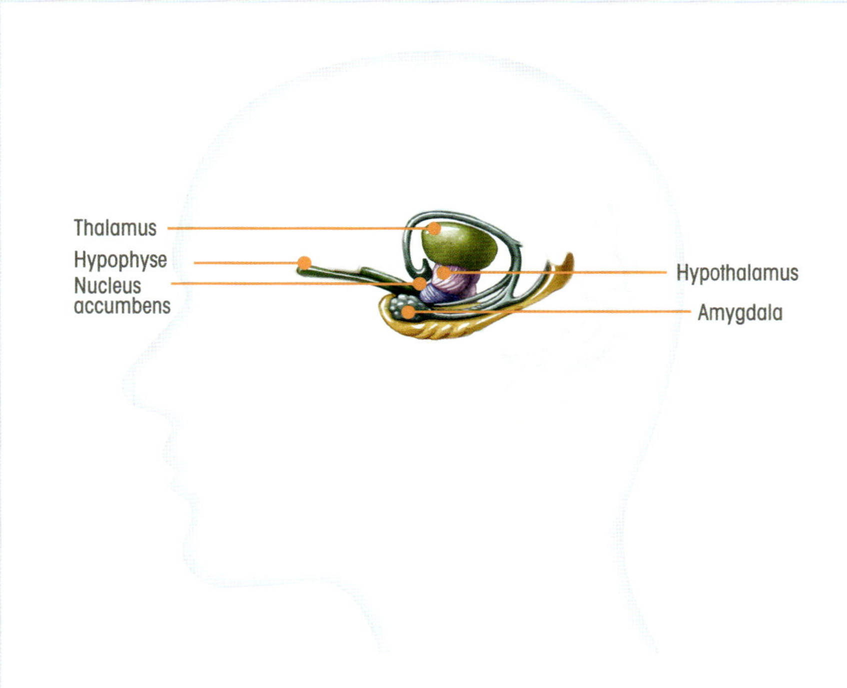

Abb. 40: Unser limbisches System.

Der Hypothalamus setzt zum Beispiel die Bewertung der Amygdala in körperliche Reaktionen um, indem er die Ausschüttung von Nervenbotenstoffen und Hormonen veranlasst. Die Vitalbedürfnisse Hunger, Durst, Schlaf und Sexualität sitzen im Hypothalamus (Häusel 2008).

Einen weiteren wichtigen Bestandteil des limbischen Systems bildet der Hippocampus. Ohne ihn können keine bewusstseinsfähigen Inhalte des Gedächtnisses im Gehirn gespeichert oder abgerufen werden. Er bildet das Gedächtnis und das Verhalten und steuert ebenfalls vegetative und emotionale Funktionen (Zimmermann 2006).

Der Nucleus accumbens, das »Belohnungszentrum«, ist aufgrund seiner Größe und seiner Funktion einer der Lieblinge der Neuromarketing-Forscher. Er wird gern als unser »Haben-wollen-Kern« im Gehirn bezeichnet, und er ist dann aktiv, wenn unerwartete und lustvolle Belohnungen aller Art auf uns warten (Häusel 2008). Er ist vor allem für die Umsetzung von Motivation in Aktion beziehungsweise von Emotion in Lokomotion (aktive Umsetzung) verantwortlich und bildet eine Art Relaisstelle zwischen den Basalganglien und dem limbischen System. Eine Belohnung kann zum Beispiel der Kauf eines Produkts beim Onlineshopping sein.

2.3 Die Werkzeuge

Heutzutage lassen sich in der Gehirnforschung verschiedene technische Methoden unterscheiden, mit deren Hilfe es möglich ist, die emotionalen Aktivitäten sowohl der einzelnen Nervenzellen als auch des ganzen Gehirns darzustellen. Einen Zugang in unser Gehirn liefern folgende Verfahren:

- fMRT (funktionelle Magnetresonanztomografie)
- EEG (Elektroenzephalografie)
- SST (Steady State Topography
- MEG (Magnetoenzephalografie)
- EDA (elektrodermale Aktivität)
- EMG (Elektromyografie)
- FACS (Facial Action Coding System)

Als weitere Methode möchten wir bereits an dieser Stelle das Eye-Tracking anführen, wobei dies nicht direkt zu den technischen Methoden des Neuromarketings gezählt werden kann. Für Studienzwecke kann Eye-Tracking allerdings als unterstützendes Element benutzt werden, da es mithilfe entsprechender technischer Hilfsmittel die Augen- beziehungsweise die Blickbewegungen misst. Nachdem die Eye-Tracking-Technologie längst etabliert ist, verspricht die Aufzeichnung und Analyse von Emotionen einen großen Erkenntniswert für die Forschung. Beim EMOScan beispielsweise zeichnen Kamerasysteme spontane mimische Reaktionen auf, die sich während eines Tests im Gesicht des Probanden widerspiegeln.

2.3.1 Funktionelle Magnetresonanztomografie (fMRT)

Wer schon einmal Probleme mit dem Rücken oder dem Knie hatte, deren Ursachen nicht ermittelt werden konnten, der hat mit Sicherheit bereits seine Erfahrungen mit dem funktionellen Magnetresonanztomografen gemacht. Auch das Neuromarketing bedient sich dieser Technologie: Auf dem Gebiet der Gehirnforschung ist die funktionelle Magnetresonanztomografie das Hauptinstrument für die Grundlagenforschung.

Das Prinzip der fMRT beruht darauf, die Variation von Magnetfeldern durch eine Veränderung der Durchblutung sichtbar zu machen. In aktiven Hirnarealen ist die Durchblutung stärker; das im Blut enthaltene Hämoglobin verändert so das Magnetfeld (Möll, Esch, Decker, Herrmann, Sattler, Woratschak 2007; Abb. 41).

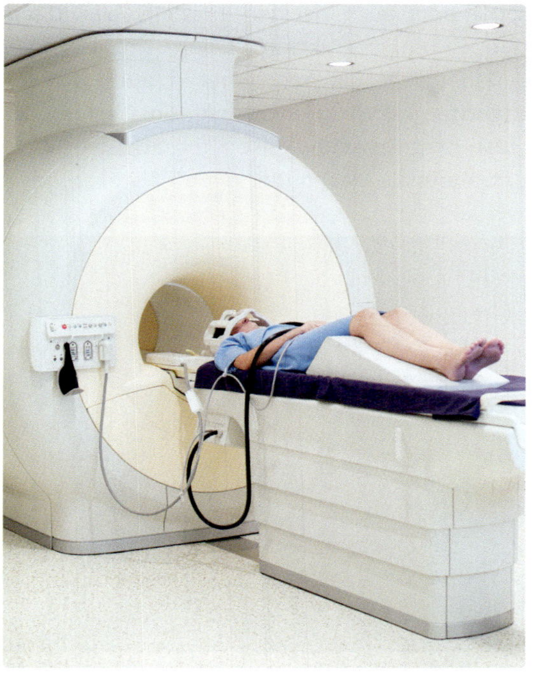

Abb. 41: Magnetresonanztomografie.

Der Hirnforschung gelingt es somit, direkt ins lebende Gehirn zu sehen. Die fMRT-Methode bietet die beste räumliche Auflösung aller bildgebenden Verfahren und ermöglicht die Beobachtung in Echtzeit (Abb. 42). Via QR-Code können Sie einen Film aufrufen, der einen spannenden fMRT-Scan aus mehreren Perspektiven unseres Gehirns zeigt.

Wem schon einmal nach einer fMRT-Untersuchung die Rechnung dafür ins Haus flatterte, der bevorzugt wahrscheinlich inzwischen die Rückenschule oder hat mit dem Fußballspielen aufgehört. Denn dieses Verfahren ist sehr kostspielig und verursacht einen hohen wissenschaftlichen Aufwand, der nur bei kleinen Stichproben durchführbar ist. Selbst bei Untersuchungen mit nur zehn bis 20 Personen liegen die Kosten bei mindestens 30.000 Euro. Dazu kommt, dass die Messung mit fMRT aufgrund der Größe der Apparatur nicht räumlich flexibel einsetzbar ist und folglich nicht direkt am Point of Sale vorgenommen werden kann (Kroeber-Riel, Weinberg, Gröppel-Klein 2009).

Ein entscheidender negativer Aspekt ist aber insbesondere die Zeitverzögerung von einer Sekunde, bis eine Veränderung dargestellt wird. Dies kann gerade bei der Interpretation der Wirkungsmessung von bewegten Bildern, zum Beispiel Werbespots oder auch bei den multimedialen Darstellungsformen, zu Schwierigkeiten führen. Interaktion ist beim Einsatz von fMRT überhaupt nicht abbildbar. Daher liegt der Schwerpunkt auch in der Grundlagenforschung. In der täglichen Arbeit und vor dem Hintergrund größerer Stichproben verwendet man pragmatischerweise alternative Verfahren, zum Beispiel das EEG oder elektrodermale Methoden.

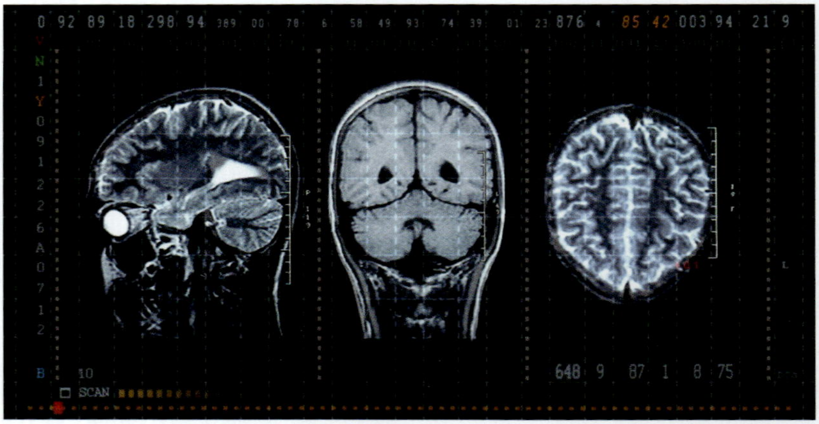

Abb. 42: Magnetresonanztomografie-Scan.

2.3.2 Elektroenzephalografie (EEG)

Die Elektroenzephalografie ist ebenfalls eine Methode zur Messung der elektrischen Aktivität des Gehirns. Dabei werden am Kopf der Versuchsperson Oberflächenelektroden angebracht, die durch die Schädeldecke Spannungsschwankungen an der Hirnoberfläche messen (Abb. 43).

Abb. 43: Elektroenzephalografie.

Diese Schwankungen entstehen aufgrund von zahlreichen Aktionspotenzialen zwischen den einzeln verschalteten Nervenzellen. Sie können in einem sogenannten Elektroenzephalogramm grafisch dargestellt werden. Im Gegensatz zu anderen gängigen Verfahren der modernen Neurowissenschaft bietet das EEG hierbei den großen Vorteil, dass auch sehr schnelle Veränderungen erfasst werden können. Die zeitliche Auflösung liegt im Bereich von Millisekunden, was allerdings zu Lasten der räumlichen Auflösung geht (Raab, Gernsheimer, Schindler 2009). Die internationale Forschung zeigt, dass es mittels EEG möglich ist, ein Echtzeitkorrelat motivationaler Tendenzen zu untersuchen und damit nachfolgendes Verhalten vorherzusagen – mitunter sogar präziser als durch direkte Befragungen.

Dr. Matthias Rothensee, Senior Research Consultant der eye square GmbH, Berlin: »Die EEG-Messung wird auch im Bereich E-Commerce Anwendung finden, da die kognitive Beanspruchung damit sehr genau erfasst werden kann. Im Angesicht der Flut der Informationen, die uns über das Internet tagtäglich übermittelt werden, wird die Informationssparsamkeit einer Website durchaus zum Gradmesser ihrer Qualität. Ein Registrierungsprozess auf einer Website, der zu lang ist und komplizierte Wordings verwendet, wird vom Nutzer schnell als frustrierend erlebt. Diese Prozesse kann das EEG erfassen, ohne dass sie der Nutzer äußern muss, obendrein ist das Verfahren vergleichsweise einfach und ökonomisch. Daher wird das EEG in Zukunft regen Einsatz in Usability-Studien im Bereich E-Commerce finden. Das gilt insbesondere für den Bereich mobiles Internet (M-Commerce).«

Eine Weiterentwicklung des EEG ist die Kombination mit einer Eyetracking-Kamera. Der grundlegende Ansatz ist relativ einfach: Über das mobile Eyetracking wird beobachtet, welche Informationen der Proband verarbeitet, über das EEG wird geschaut, welchen Effekt diese Informationen haben. Dabei sind allerdings einige Dinge zu berücksichtigen:

Das Eyetracking zeigt zwar auf, worauf der Blick fokussiert wird, aber natürlich heißt das nicht, dass diese betrachteten Informationen auch wahrgenommen werden. Genauso haben dank peripheren Sehens auch Informationen einen Einfluss auf uns, die nie bewusst betrachtet werden. Grundsätzlich kann man aber darauf schließen, dass betrachtete Informationen (im weitesten Sinne) einen Effekt auf die Probanden haben, wenn eine größere Gruppe untersucht wird und jeder oder zumindest die Mehrheit dorthin geblickt hat (Gesetz der großen Zahl). In der Fachliteratur wird dann von der sogenannten Annäherungs- und Vermeidungsmotivation gesprochen. Das ist im Endeffekt das Hirnsignal, das eine Hinwendung oder Abwendung andeutet. In vielen Studien seit den 1970er-Jahren wurde gezeigt, dass dieses Signal nicht nur mit zahlreichen emotionalen Prozessen zusammenhängt, sondern dass es vor allem auch Kaufentscheidungen vorhersagt. Hierbei wird nicht die Kaufentscheidung an sich gemessen, sondern die einer Kaufentscheidung vorangehende Änderung der Motivationslage des potenziellen Kunden. Die Veränderung innerhalb der Motivationslage wird bei dieser Messmethode über eine Ampel dargestellt – entweder hin zu einer Annäherung (grün) oder zu einer Abwendung (rot). Leuchtet die Ampel gelb, ist kein statistisch auffälliger Effekt zu erkennen. Das Gehirn benötigt weitere Informationen, um zu einer Entscheidung zu gelangen. Dies ist eine Übersetzung des zeitgleich erfassten EEG-Signals in einen intuitiv verständlichen Farbcode. Die wirkliche Erkenntnis kommt dann zustande, wenn diese Information mit beispielsweise weiteren Informationen über die handelnde Person angereichert wird, etwa ihrer Persönlichkeitsstruktur. Hierdurch ist es dann möglich, genauer zu erfahren, warum es eine Veränderung der Motivationslage gab, so dass auf dieser Basis dann relativ konkrete Empfehlungen ausgesprochen werden können, wie ein Prozess oder ein Reiz verändert werden muss, um positive Motivation zu stärken und negative Motivation zu vermeiden. Mithilfe dieser Technologie lässt sich nun prüfen, welche Informationen direkt am Point of Sale wahrgenommen werden und welchen Einfluss diese auf die Kaufentscheidung haben (Dr. Benny Briesemeister, 2017).

Dr. Benny Briesemeister, Autor des Buches »Die Neuro-Perspektive: Neurowissenschaftliche Antworten auf die wichtigsten Marketingfragen«, bestätigt den Nutzen des EEG-Einsatzes: »Durch die fortwährende Weiterentwicklung der EEG Technologie, nicht nur im Bereich der Hardware, sodass die Geräte immer kleiner, preiswerter und leichter in der Handhabung werden, sondern vor allem auch in Bezug auf die messbaren Prozesse wie Motivation, Gedächtnisaktivierung und mentale Last eröffnen sich immer neue Einsatzgebiete. Schon heute betreiben große Firmen zum Teil eigene EEG Labors, um ihre Kommunikation und ihre Produkte zu optimieren.«

2.3.3 Steady State Topography (SST)

Steady State Topography versteht sich als Weiterentwicklung der Elektroenzephalografie. Die Testpersonen müssen lediglich ein Headset ähnlich einer Badekappe und eine Spezialbrille tragen. Elektroden im Headset messen die Gehirnströme der Probanden. 20 Messpunkte auf der Kappe identifizieren unter anderem Memory Encoding, Engagement, Attention und Emotionen:

- **Wirkungsebene Memory Encoding:** Der Begriff »Long-Term Memory Encoding« steht für die Stärke der Speicherung von Informationen und Werbebotschaften im Langzeitgedächtnis. Damit eine Werbung als wirksam bezeichnet werden kann, müssen Markeninformationen und wesentliche Schlüsselbotschaften im Langzeitgedächtnis des Rezipienten abgespeichert werden. Unter Verwendung von SST kann diese Gehirnaktivität gemessen werden. Dafür sind Messdaten verschiedener zuständiger Gehirnregionen notwendig. Für alle weiteren Schlussfolgerungen bei der Anwendung der SST-Messung wird immer die Kernkomponente »Memory« ermittelt. Dabei werden sekundengenau in den Gehirnregionen, denen das Langzeitgedächtnis zuzuordnen ist, Strömungen gemessen. So lässt sich beispielsweise ermitteln, wie stark Bausteine eines TV-Spots oder einer Webseite wirken.
- **Wirkungsebene Engagement:** Unter »Engagement« versteht man die persönliche Relevanz und das persönliche Involvement einer Person. Engagement wird bei einem Probanden hervorgerufen, wenn er eine Situation erlebt oder etwas visuell wahrnimmt, die beziehungsweise das für ihn persönlich – mehr oder weniger – von Bedeutung ist. Unterschieden wird beim Involvement zwischen High und Low Involvement. High Involvement bedeutet, dass die bewussten Aktivitäten des Gehirns hoch sind. Beim Low Involvement sind dagegen Situationen eher vom zufälligen Lernen bei geringerer Aufmerksamkeit geprägt.
- **Wirkungsebene Attention:** Von entscheidender Bedeutung ist die Erzeugung von Aufmerksamkeit beim Rezipienten. Aufmerksamkeit bezieht sich dabei auf die Konzentration des Rezipienten und fokussiert seine mentalen Anregungen.
- **Wirkungsebene Emotionen:** Bei der Messung von Emotionen wird zwischen zwei Arten unterschieden: Emotional Intensity und Emotional Valence. Emotional Intensity beschreibt das Ausmaß der emotionalen Erregung einer Person. Die Messung dieses Faktors zeigt an, wie stark die jeweilige Situation emotional erlebt wird, unabhängig von der Art der Emotion. Emotional Valence beschreibt dagegen die Motivation des Probanden, die durch Emotionen hervorgerufen wird. Dieser Status zeigt

verschiedene Abstufungen von positiv bis negativ an, die vereinfacht als Zuneigung oder Abneigung dargestellt werden (Bruhn, Köhler 2010).

2.3.4 Magnetoenzephalografie (MEG)

Statt der elektrischen Signale des EEG und des SST registriert man mit der Methode der Magnetoenzephalografie magnetische Signale. Die MEG nutzt die Existenz vom Gehirn erzeugter schwacher elektromagnetischer Felder, von denen sich unter bestimmten Bedingungen messbare Ströme induzieren lassen (Markowitsch, Siefer 2007).

Sie können sich den Untersuchungsablauf mit dem Magnetoenzephalografen (Abb. 44) folgendermaßen vorstellen: Der Kopf des Probanden wird von einer helmartigen Anordnung aus ungefähr 100 bis 300 Sensoren umschlossen. Diese Konstruktion ermöglicht dann eine neuronale Messung aller Hirnareale gleichzeitig. Das MEG-System befindet sich in einer Abschirmkammer, die in der Regel aus mehreren Lagen Metall besteht. Die Sensoren werden mit flüssigem Helium gekühlt, das sich in einem vakuumisolierten Behälter befindet (Walter 2004).

Der Vorteil des MEG liegt im zeitlichen Auflösungsvermögen. Dieses bewegt sich im Millisekunden-Bereich und ermöglicht zu erkennen, wo im Gehirn Reize zuerst verarbeitet werden (Markowitsch, Siefer 2007). Bei der MEG-Un-

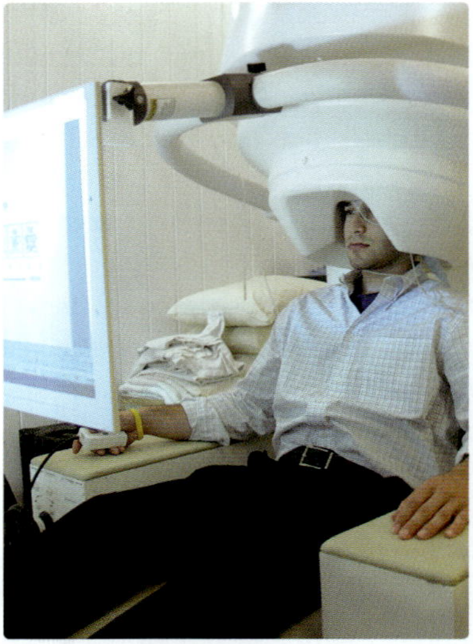

Abb. 44: Magnetoenzephalografie

tersuchung erfolgt eine genauere Lokalisierung aktivierter Hirnregionen im Vergleich zum EEG (Walter 2004).

Zu den Nachteilen gehört die Tatsache, dass mit der MEG-Methode nur die Aktivitäten beobachtet werden können, die in der Oberfläche des Gehirns erfolgen, jedoch nicht die Aktivitäten in tieferen Gehirnbereichen, zum Beispiel des limbischen Systems (Häusel 2008).

2.3.5 Elektrodermale Aktivität (EDA)

Inwieweit werden Sie emotional aktiviert, wenn Sie eine Website, einen Onlineshop oder ein Produkt sehen? Wie reagieren Sie auf Markenzeichen im Internet? Antworten findet man auf diese Frage, indem man Ihre Hautleitfähigkeit misst. Doch wie erfolgt eine solche Messung?

Bei der elektrodermalen Aktivität handelt es sich um einen häufig verwendeten Indikator zur Messung von Aktivierungen des autonomen Nervensystems. Bei diesem Verfahren werden die mit Aktivierungsschwankungen verbundenen Veränderungen des elektrischen Hautwiderstands gemessen. Die Hautleitfähigkeit wird durch die Menge an Schweiß in den Schweißdrüsen beeinflusst. Diese Schweißdrüsen sind am emotionsbedingten Schwitzen beteiligt und über den ganzen Körper verteilt. Wird das autonome Nervensystem aktiviert, dann führt dies zu einer stärkeren Absonderung von Schweiß und somit zu einer besseren Hautleitfähigkeit. Je höher die innere Erregung, desto höher ist die Aktivität der Schweißdrüsen. Dabei messen die Geräte natürlich nicht, ob Ihnen beim Anblick eines Weber-Grills oder eines Gucci-Kleides im Onlineshop der Schweiß von der Stirn läuft. Die Amplituden sind minimal, aber die Messung erfasst schon kleinste Veränderungen.

Die menschliche Haut setzt sich im Wesentlichen aus zwei Schichten zusammen, der Dermis und der Epidermis. Die Epidermis befindet sich an der Hautoberfläche und besteht aus Epithelgewebe. Diese Schicht ist umso stärker verhornt, je weiter sie an der Oberfläche liegt. Die vergleichsweise dickere und tiefer liegende Dermis ist aus straffem und fibrösem Bindegewebe. Unterhalb der Dermis liegt die Subcutis. Sie enthält die sektorischen Teile der Schweißdrüsen (Ductus) sowie Fettgewebe und Gefäße, welche die Hautoberfläche versorgen (Kroeber-Riel, Weinberg, Gröppel-Klein 2009; Abb. 45).

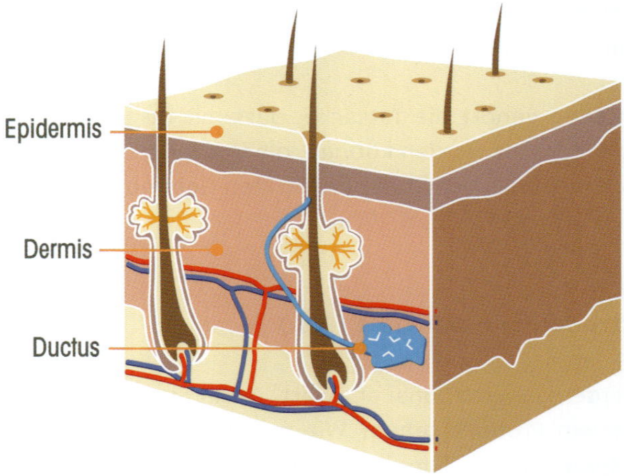

Abb. 45: Unsere Haut.

Die Epidermis ist für die EDA von sehr großer Bedeutung. Obwohl sie zu ihrer Außenschicht hin trockener wird, weil die regelmäßig angeordneten Zellen dort weniger dicht geschichtet sind, findet eine permanente unmerkliche Transpiration von der Dermis über die Epidermis statt, selbst wenn keine Aktivität der Schweißdrüsen vorliegt. Diese Hydration hängt von externen und inneren Faktoren ab und führt zu einer guten elektrischen Leitfähigkeit der Haut, die mit Elektroden gemessen werden kann. Die Leitfähigkeit wird mittels eines Verstärkers zu einem Computer übertragen (Kroeber-Riel, Weinberg, Gröppel-Klein 2009; Abb. 46).

Vergleichen kann man die Hautwiderstandsmessung mit dem Prinzip des Lügendetektors. Zur Messung werden Elektroden an den schweißsensiblen

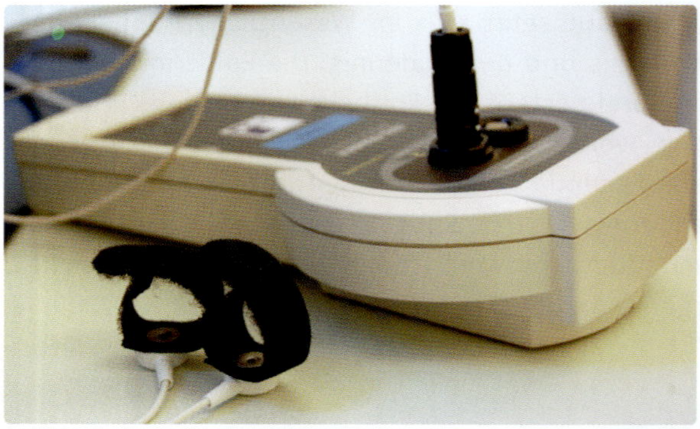

Abb. 46: EDA-Gerät mit Sensoren für Ring- und Mittelfinger

Stellen der Handinnenflächen, an zwei Fingern oder mithilfe eines speziellen Handschuhs positioniert. Am dichtesten liegen die schweißsensiblen Stellen jedoch an den Handflächen und an den Fußsohlen. Beide Elektroden werden auf der Handfläche der linken Hand bei Rechtshändern beziehungsweise der rechten bei Linkshändern angebracht. Hierbei muss darauf geachtet werden, dass kein Druck auf die Elektroden ausgeübt werden darf. Dies würde zu Artefakten (sogenannten Darstellungsfehlern) führen.

Da ein Anstieg der Aktivierung im autonomen Nervensystem ein Indikator von Erregung ist, kann die Hautleitfähigkeit insbesondere zur Messung von Erregung eingesetzt werden (Möll, Esch, Decker, Herrmann, Sattler, Woratschek 2007). Die Höhe der Aktivierung hat einen Einfluss auf die Behaltensleistung (also die Kommunikationsleistung) sowie auf die Kaufabsicht (Kroeber-Riel, Weinberg, Gröppel-Klein 2009). Diese These lässt sich in entsprechenden Befragungen immer wieder verifizieren. Auch wir werden im weiteren Verlauf des Buches zeigen, dass die emotionale Aktivierung die Behaltensleistung und die Kaufabsichten massiv beeinflusst.

Messverfahren wie EEG, fMRT oder EDA liefern Indikatoren, die bewusst kaum zu beeinflussen sind. Wie gesagt werden die bildgebenden Verfahren jedoch aus Kostengründen nur für die Grundlagenforschung mit kleinen Fallzahlen und weniger für das angewandte Neuromarketing eingesetzt. Dort dominiert die Arbeit mit elektrodermaler Aktivität, da bei dieser Methode das beste Kosten-Nutzen-Verhältnis erreicht wird. Man arbeitet vorzugsweise mit elektrodermalen Studien, denn sie liefern den empfindlichsten Indikator für die verhaltenssteuernde Aktivierung (Kroeber-Riel, Weinberg, Gröppel-Klein 2009). Kombiniert wird diese aber mit dem Eye-Tracking (siehe hierzu detailliert das Kapitel »Eye-Tracking«). Auf diese Weise kann man die emotionale Aktivierung, die Auswirkung auf die Behaltensleistung und die Beeinflussung der Kaufabsichten sehr gut aufzeigen. Die Kombination mit dem Eye-Tracking ermöglicht zusätzliche Aussagen zu ganz bestimmten Bereichen der Website, zu speziellen Situationen in den Rich-Media-Elementen oder auch zu Interaktionspunkten in der natürlichen Kommunikation. Sie werden im weiteren Verlauf des Buches sehen, wie interessant die Ergebnisse solcher Projekte sind.

Insgesamt betrachtet ist es wichtig, dass man beim Einsatz von Neuromarketing für Websites und Onlineshops durch die beschriebenen Methoden die Möglichkeit hat, Antworten von den Probanden – also von den Kunden – zu bekommen, bei denen man keinen Einfluss auf ihre Gedanken und Antworten hat.

2.3.6 Elektromyografie (EMG)

Bei der Elektromyografie (EMG) wird die elektrische Muskelaktivität mittels Oberflächen-Elektroden gemessen. Je nach Intensität der Signale wird auf die Stärke der Aktivierung geschlossen. Im Neuromarketing wird die EMG zur Emotionsmessung im Gesicht eingesetzt. Je nachdem, welche Muskeln aktiv sind, lässt sich darauf schließen, ob der Proband positive oder negative Emotionen empfindet. Relevante Muskeln für die Feststellung der Emotionen sind hierbei der Jochbeinmuskel (Lat.: zygomaticus major) sowie der Stirnrunzler (Lat.: corrugator supercilii).

Die Abb. 47 zeigt die angebrachten Elektroden an den beiden Muskeln.

Abb. 47: Elektroden beim EMG für das Neurolab.

Im Gegensatz zur Erfassung der Emotionen, die auf Beobachtung oder Befragung beruhen, werden bei der EMG neben den offensichtlichen Emotionen auch sogenannte Mikroausdrücke erfasst. Diese sind nur schwer kontrollierbar und geben auch die impliziten Emotionen wieder, bevor der Proband seine Emotionen unter Kontrolle bringen kann. Bei der Beobachtung ist es sehr schwer, eben diese Mikroausdrücke zu messen. Gleiches gilt für das Befragen der Probanden. Hier kommt noch hinzu, dass die bewussten Antworten weiteren Unsicherheiten unterliegen, wie sozialen Normen und schlicht unwahren Aussagen, um dem Gegenüber zu gefallen.

Insbesondere über einen Betrachtungsverlauf ist es möglich, per EMG die Entwicklung der Emotionen zu verfolgen. In der Kombination mit EDA und Eye-Tracking kann festgestellt werden, WAS den Kunden WIE und INWIEWEIT emotional beeinflusst. Auf diese kombinierte Messung wird im weiteren Verlauf dieses Kapitels beim Neurolab weiter eingegangen.

2.3.7 Facial Action Coding System (FACS)

Im Jahr 1978 veröffentlichten Paul Ekman und Wallace Friesen die erste Version ihres Systems zur Vermessung der mimischen Sprache. Das System ist ein Kodierungssystem und dient der Beschreibung von Gesichtsausdrücken.

Im FACS wird jedem Muskel im Gesicht eine Action Unit, AU (Bewegungseinheit) zugeordnet. Möchten Sie nun einen Gesichtsausdruck beschreiben, notieren Sie jede Action Unit, die an dem Ausdruck beteiligt ist. In dem System wird jeder Action Unit zudem noch eine Richtung zugeordnet. Auf diese Art und Weise können Gesichtsausdrücke schriftlich notiert werden. Den Kombinationen der verschiedenen Action Units können schlussendlich bestimmte Emotionen zugeordnet werden.

Ekman beschreibt 44 Action Units. Davon entfallen zwölf auf die obere Gesichtshälfte. Die übrigen werden der unteren Hälfte zugeordnet. Die letzteren werden dabei noch einmal hinsichtlich ihrer Bewegungsrichtung unterteilt. Zusätzlich beschreiben die Buchstaben A bis E die Intensität. Während A für »an der Wahrnehmungsgrenze / angedeutet« steht, bedeutet E, dass das individuelle Höchstmaß erreicht wurde.

43 steht für das Absenken des oberen Augenlides. 43E ist demnach »Augen geschlossen«.

Weitere Beispiele für Action Units:
1 = Heben der Augenbrauen innen
2 = Heben der Augenbrauen außen
18 = Kussmund
46 = Zwinkern mit einem Auge

Die Forschung von Paul Ekman hat gezeigt, dass Emotionen anthropologisch konstant sind. Das bedeutet, dass die Basisemotionen weltweit durch die gleichen Gesichtsausdrücke gezeigt werden. Dies konnte er durch Feldforschungen mit Menschen nachweisen, die vorher keinen Kontakt zur Außenwelt hatten.

Im Neuromarketing sind gerade die impliziten Reaktionen wichtig, da diese nur von gut geübten Personen kontrollierbar sind. Das heißt, dass beim Großteil der Menschen, zumindest für einen Bruchteil einer Sekunde, die wahren Emotionen im Gesicht ablesbar sind, bevor die Mimik wieder unter Kontrolle ist. Diese Mikroausdrücke lassen sich in Zeitlupe sehr gut erkennen und können über das Facial Action Coding System beschrieben werden.

Die Basisemotionen werden wie folgt im FACS beschrieben.

Action Units der sieben Basisemotionen im FACS

Basisemotion	Action Units
Freude	6 – angehobene Wangen 12 – Anheben der Mundwinkel
Überraschung	1 – Heben der inneren Augenbraue 2 – Heben der äußeren Augenbraue (= hochgezogene Augenbrauen) 5 – Heben des oberen Augenlides (weit geöffnete Augen) 26 – (leicht) geöffneter Mund
Wut	4 – Zusammenziehen der Augenbrauen 5 – Heben des oberen Augenlides 7 – angespanntes unteres Augenlid 23 – aufeinandergepresste Lippen
Trauer	1 – Heben der inneren Augenbraue 4 – Zusammenziehen der Augenbrauen 15 – Herabziehen der Mundwinkel
Ekel	9 – Rümpfen der Nase 15 – Herabziehen der Mundwinkel 16 – nach unten gezogene Unterlippe
Angst	1 – Heben der inneren Augenbraue 2 – Heben der äußeren Augenbraue (= hochgezogene Augenbrauen) 4 – Zusammenziehen der Augenbrauen 5 – Heben des oberen Augenlides (weit geöffnete Augen) 7 – angespanntes unteres Augenlid 20 – gespannte Lippen 26 – (leicht) geöffneter Mund
Verachtung	Auf einer Seite des Gesichts: 12 – Anheben der Mundwinkel 14 – Einziehen der Mundwinkel

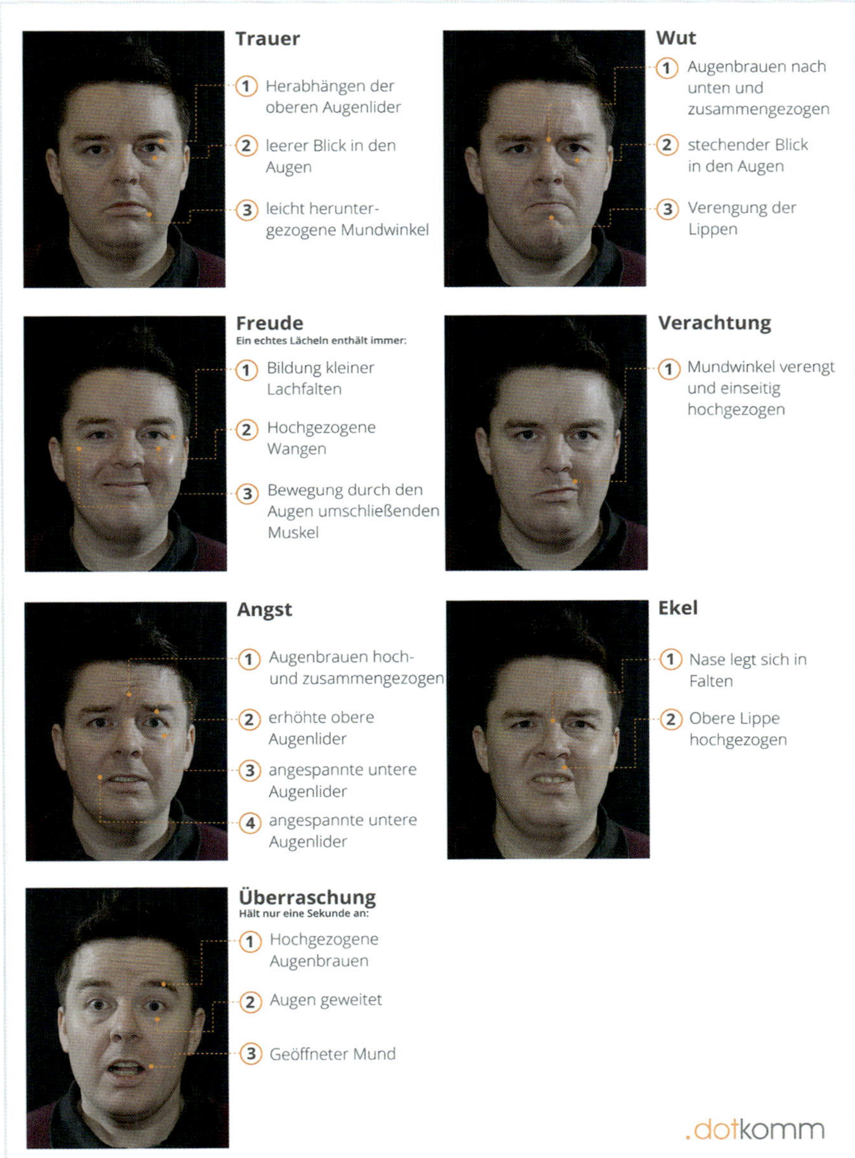

Abb. 48: Die sieben Basis-Emotionen im FACS.

Da eine manuelle Analyse sehr langwierig ist, wurden von verschiedenen Anbietern Computerprogramme entwickelt, welche die Analyse automatisieren. Ausreichend hierfür sind eine vernünftige Webcam und ein normaler PC. So sind selbst Analysen über Videotelefonie möglich. Nachfolgend wird exemplarisch eine entsprechende Software vorgestellt: der Gfk EMOScan.

Ein Tipp am Rande: Einen tollen Einblick in die Welt der Emotionen und Mikroausdrücke bietet die Fernsehserie »Lie to me«, die auf den wissenschaftlichen Forschungen von Paul Ekman beruht. Vor allem die ersten paar Minuten der ersten Folge bringen die Welt der Emotionen sehr anschaulich auf den Punkt.

!

EMOScan: »The truth is written all over your face« (Paul Ekman)

Der GfK EMOScan analysiert, was der Gesichtsausdruck über die Werbewirkung verrät. Die Software arbeitet auf der Grundlage des FACS nach Paul Ekman. Emotionale Reaktionen können dabei in Echtzeit erfasst werden, und zwar ohne die für neurowissenschaftliche Methoden typischen Nachteile. So kommt der GfK EMOScan ohne störende Verkabelung aus, man braucht lediglich eine Webcam, und die Ergebnisse sind auch für Praktiker verständlich. Mit dem standardisierten Softwarepaket, das die Einbindung in verschiedenste Befragungsprogramme ermöglicht und automatisch intuitive Ergebnisse liefert, sind nonverbale Messungen kosteneffizient möglich.
Die für Marketingprozesse entscheidenden Grundemotionen wie Überraschung, Freude, Ärger oder Traurigkeit sind jetzt automatisiert erkennbar und interpretierbar; die Erfassung noch subtilerer Emotionsausdrücke ist in der Entwicklung.
Diese Innovation stellt im Spektrum nicht-invasiver, impliziter Messverfahren eine kostengünstigere Alternative zu klassischen neurowissenschaftlichen Instrumenten wie zum Beispiel dem EEG dar. Hohen praktischen Nutzen verspricht das modular einsetzbare Instrument insbesondere in der quantitativen und qualitativen Kommunikationsforschung und bei der Optimierung der sogenannten Joy of Use von Webseiten.
Eigene Versuche mit der Software eines anderen Anbieters zeigen, dass auch die automatisiert erstellten Analyseergebnisse noch einer Interpretation bedürfen, da widersprüchliche Reaktionen, wie ein ironisches Lachen, als Freude interpretiert werden.
(www.gfk-verein.org)

2.3.8 Eye-Tracking

Die Methode des Eye-Trackings hat sich in den letzten Jahren etabliert und lässt sich in verschiedenen Bereichen der Forschung einsetzen. Hierbei geht es darum, anhand entsprechender technischer Hilfsmittel die Augen- beziehungsweise die Blickbewegungen einer Testperson aufzuzeichnen und hinsichtlich verschiedener Fragestellungen auszuwerten. Auch in den klassischen Usability-Labs der Internetindustrie kommt Eye-Tracking regelmäßig zur Anwendung (Abb. 49).

Eine entscheidende Rolle spielt beim Eye-Tracking neben der eingesetzten Technologie die Blickbewegungsforschung. Sie versucht, die Zusammenhänge zwischen unseren Augenbewegungen und den neurologischen Verarbeitungsprozessen in unserem Gehirn aus kognitionspsychologischer Perspektive nachzuvollziehen. Im Sinne der Wahrnehmungspsychologie sollen durch geeignete Analyse- und Interpretationsschemata den von uns extern beobachtbaren Blickbewegungen entsprechende interne, subjektive Vorgänge und Ergebnisse zugeordnet werden (www.e-teaching.org). Eine Analyse der Dauer und Anzahl von Fixationen kann klären, ob Nutzer sich auf den Inhalt der Website konzentrieren, zum Beispiel einen Text aufmerksam lesen oder eine Bildschirmseite nur überfliegen.

Eye-Tracking basiert auf der wissenschaftlichen Grundlage, dass die tatsächliche Aufmerksamkeit in direkter Korrelation mit der Augenbewegung steht. Insbesondere bei Websites, die für User neu sind, lässt sich anhand von Veränderungen des Pupillendurchmessers ermitteln, ob unbekannte beziehungsweise irrelevante oder erwartete Begriffe und Bereiche erfasst werden, nach denen wir Ausschau gehalten haben. Welche Elemente einer Website nehmen Sie überhaupt wahr? Wie lange und wie oft betrachten Sie bestimmte Bereiche? Wird Ihre Augenbewegung schneller oder verlangsamt sie sich?

Abb. 49: Eye-Tracking

Mithilfe weiterer Beobachtungen, aber auch Befragungsmethoden werden nun Rückschlüsse auf die im Menschen ablaufenden Prozesse gezogen. Eye-Tracking ist hervorragend dafür geeignet, Schwachstellen in Onlineshops aufzudecken, die im Zusammenhang mit einer niedrigen Conversion-Rate stehen. Eine entsprechend gestaltete Testkonstruktion kann die Motivation und Demotivation des Nutzers beim Besuch der Seite aufzeigen und exakt die Elemente ausmachen, die zum »Nichtkauf« führen. Doch wie verhält sich dazu die emotionale Aktivierung? Dies kann man durch die Kombination von EDA (siehe Kapitel »Elektrodermale Aktivität (EDA)« und Eye-Tracking untersuchen.

2.3.9 Optimierung auf Grundlage neurowissenschaftlicher Messungen

Für Unternehmer ist die Frage entscheidend: Wie wird die Website vom Kunden wahrgenommen? Funktioniert das Konzept? Welche Emotionen empfindet der Nutzer? Funktioniert das UX-Design?

Oftmals werden Websites einfach auf der Grundlage der eigenen Erfahrungen und aktueller Trends erstellt, ohne dass überprüft wird, ob das Konzept bei der Zielgruppe funktioniert. Ist die aktuelle Bildsprache, bei der es um Stimmungen geht, ohne dass Personen in die Kamera oder zum Interaktionselement schauen, aus Neuromarketingsicht wirklich sinnvoll? Oder sieht es einfach nur gut aus und hat es im schlimmsten Fall einen negativen Einfluss auf die Nutzerführung oder Emotionsbildung einer Website?

Aus diesem Grund empfiehlt es sich immer, vor einem Go-live mit der Zielgruppe zu prüfen, ob die Website funktioniert. Gerade in conversion-getriebenen Bereichen mit Online-Abschluss können durch eine nicht nach Neuromarketing optimierte Website Abschlüsse verloren gehen.

Selbst wenn ein Testnutzer während der Interaktion mit einem Dienst Gefühle verspüren sollte, kann er diese nur unzureichend den wahren Ursachen zuordnen. Das liegt daran, dass der überwiegende Teil psychischer Prozesse unbewusst abläuft.

Die neurowissenschaftlichen Messmethoden bieten die Möglichkeit, die implizite Wahrnehmung der Kunden sichtbar zu machen. Hierzu bietet die Firma emolyzr GmbH mit ihrer Untersuchungsmethode eine interessante Kombination verschiedener neurowissenschaftlicher Werkzeuge. Die Kombination aus Eye-Tracking, EMG und EDA beantwortet die folgenden Fragen:

1. Was betrachtet der Nutzer? (Eye-Tracking)
2. Wie attraktiv ist das Betrachtete? (EMG)
3. Wie intensiv wird die Emotion wahrgenommen? (EDA)

Dieser Mix an Untersuchungsmethoden zeigt, was einen Einfluss auf die emotionale Lage des Nutzers hat. Sind beispielsweise Ladezeiten verzögert, werden in diesem Moment mehrere Bedürfnisse und Erwartungen gleichzeitig verletzt; das Gehirn generiert negative emotionale Reaktionen, die sich auf andere Elemente des Dienstes übertragen können. Dieses Beispiel verdeutlicht, dass nicht nur visuelle Elemente, wie Bilder von hübschen Menschen, Emotionen erzeugen, sondern eben auch eher abstrakte Dinge wie »Ladezeiten«. Gleiches gilt für Menüführung, Wording, Preise usw.

2.3.10 Wie eine Neuromarketing-Studie bei emolyzr abläuft

Aus der Kundenzielgruppe werden ca. 20 bis 25 Probanden ausgewählt. Zum Vergleich: Normale User-Tests werden häufig mit ca. fünf Personen durchgeführt. Somit werden vier bis fünf Mal mehr Probanden als üblich getestet. Ein wichtiger Vorteil hierbei ist, dass damit auch übereinstimmende explizite Aussagen der Probanden aussagekräftiger sind.

Die Ergebnisse und Erkenntnisse der Studie, übrigens eine heuristische Messmethode, dienen dazu, Hypothesen aufzustellen, warum welche Elemente die jeweils gezeigten Reaktionen bewirken. So werden Stärken, die es auf andere Bereiche zu adaptieren gilt, und bedeutende Schwachstellen identifiziert, die bei Befragungen sonst nicht auffallen würden. Besonders interessant wird es, wenn die implizite Wahrnehmung der expliziten entgegensteht: So konnten wir in einer Studie feststellen, dass Kunden unterbewusst positive Emotionen empfinden, wenn sie eine zusätzliche, nicht angefragte Mehrleistung aufgrund ihrer Lebensumstände erhalten. Im anschließenden Interview fanden die Nutzer es allerdings problematisch bis unmoralisch.

Wie nun mit identifizierten Schwachstellen umzugehen ist, sollten Experten gemeinsam mit dem Kunden erarbeiten. Oftmals sind die Dinge komplizierter, da auch rechtliche und technische Restriktionen beachtet werden müssen. Wichtig ist, dass die getroffenen Hypothesen im Nachgang entweder durch eine erneute Studie oder aber durch A/B-Testing überprüft werden.

Zurück zum Ablauf der Neuromarketingstudie: Während der Probandenauswahl wird auch das Test-Setup erstellt. Je nach Versuchsaufbau wird die Aufgabe festgelegt, auf welchen Endgeräten gemessen wird: Mobil? Desktop? Sollen bestimmte Hypothesen überprüft werden? Ein Leitfaden für ein Tiefeninterview wird ebenfalls erstellt.

Die Probanden werden für die Messung verkabelt und erhalten ihre Aufgabe. Diese wird selbstständig, ohne Einfluss des Versuchsleiters, absolviert. Trotz der Verkabelung verlieren die Probanden sich zügig im Prozess, so dass die Kabel nicht mehr wahrgenommen werden – es ist ein Vorteil des Autopiloten unseres Gehirns, dass solche Einflüsse aus unserem Bewusstsein herausgefiltert werden.

Abb. 50: Verkabelung bei der Neuromarketingstudie mit dem EMG.

Hat der Proband die gestellte Aufgabe erledigt, schließt sich ein Tiefeninterview an. Es kann auch sinnvoll sein, den Aufgabenprozess zu wiederholen, wobei beim zweiten Mal die Gedanken kommentiert werden (retrospective think-aloud).

Im Anschluss an die praktische Durchführung kommt die Analyse der Daten. Das Ergebnis ist ein sogenannter Neurobench (Kunstwort aus Neuroscience und Benchmark). Anhand einer Sternchenbewertung (0 bis 5) erkennt man auf einen Blick, wie gut zum Beispiel die Website performt. Für den Neurobench werden die Werte der Attraktivität und Aktivierung ins Verhältnis gesetzt, wobei die Attraktivität höher gewichtet wird, da diese einen größeren Einfluss auf die Kaufentscheidung ausübt.

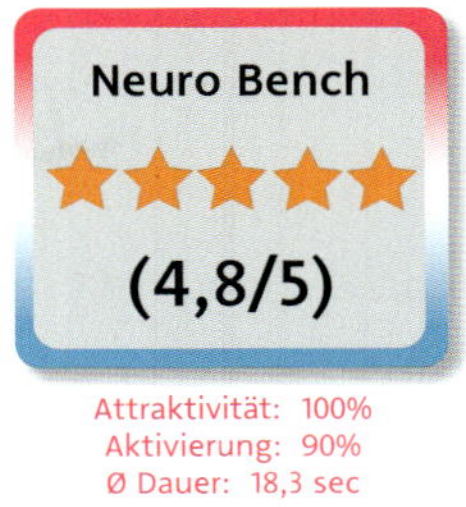

Abb. 51: Neurobench.

Zusätzlich werden Filme erstellt, die im Zeitverlauf zeigen, welche Bereich betrachtet wurden, wie in den Bereichen die Attraktivität eingestuft wird und wie intensiv diese war.

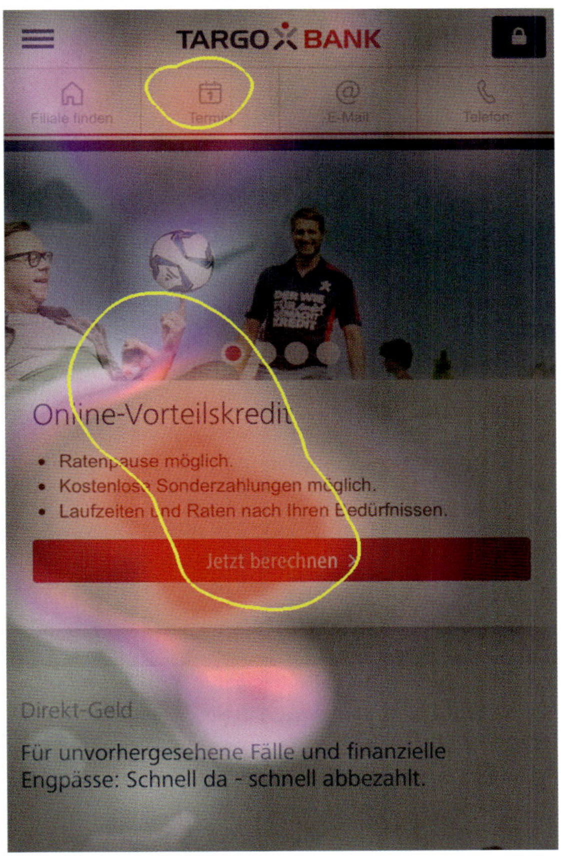

Abb. 52: Standbild des Neuro-Films

Aus dieser kombinierten Darstellung lassen sich nun Schlussfolgerungen ableiten: Was funktioniert? Was muss optimiert werden? Welche Elemente sollten ausgetauscht werden?

Schon kleine Änderungen können einen großen Einfluss auf die Conversion-Rate haben. Deshalb werden wir Ihnen in diesem Buch die Vorgehensweise und die Ergebnisse anhand realer Studien und Praxisbeispiele zeigen. Aber lassen Sie uns erst einmal gemeinsam in die wichtigsten Erkenntnisse und Konzepte der Neuromarketing-Forscher einsteigen.

! **Ausblick**

Das Hirn der Zukunft

Wie wird das Gehirn in 100 Jahren aussehen? Genauso wie heute – natürlich. Evolutionäre Veränderungen brauchen Hunderttausende von Jahren, nicht Hunderte. Die Antwort ist aber nur vordergründig ernüchternd. Denn das Gehirn der Zukunft wird vernetzt sein, und zwar in beiden Richtungen: von innen nach außen und von außen nach innen. Es wird Kommunikation geben, die von der Evolution nicht vorgesehen war: Gedanken und Absichten werden direkt aus dem Gehirn auf Computer und Roboter übertragen werden können – ohne den Zwischenweg über Sprache, Mimik, Gesten oder Hände. Und umgekehrt werden Informationen direkt von einem technischen Speichermedium in das Gehirn überspielt werden – nicht über den Umweg der Augen, Ohren, Haut, Nase oder Zunge. Man spricht von Brain-Computer-Interfaces, egal ob die Signale hinein- oder herausgehen. Und beide Arten der Vernetzung gibt es schon, die Zukunft des Gehirns hat längst begonnen.

Von innen nach außen: Das Lesen der Gedanken

Lügt er oder lügt er nicht? Die Frage stellt sich Staatsanwälten, Ehepartnern – aber auch Marketingexperten. Die Faszination, die ein Auto, ein Schuh oder ein Panini-Bild auslösen, ist bisher nur indirekt messbar: über die Aussagen der potenziellen Käufer. Aber sagen sie die Wahrheit? Und vor allem: Wissen sie überhaupt, was sie denken? Wissen sie, wie kauffreudig sie in Wirklichkeit sind? Das beste Instrument für solche Vorhersagen ist ein funktioneller Kernspintomograph (fMRT). Er misst die Gehirnaktivität, indem er den Zuckerverbrauch in den entsprechenden Hirnregionen analysiert. Der Nachteil: die Zeit. Das System ist aufwändig und vor allem träge: Es dauert mehrere Sekunden, bis ein entsprechender Gedanke aufgezeichnet ist. (Aber wie lang ist ein Gedanke eigentlich?) Der Vorteil: die Auflösung. Ein Messpunkt ist circa 1 bis 10 Kubikmillimeter groß – klein genug, um gedankentypische Muster im Gehirn zu erkennen. Konkret ist es gelungen, Kaufentscheidungen mit einer Sicherheit von etwa 75 Prozent vorherzusagen. Lügen konnten mit diesem System mit noch größerer Sicherheit erkannt werden. Vor allem aber: Die Technik erschließt auch die Gedanken des Unterbewussten. Bisher können Probanden oder Käufer nur Fragen beantworten, wenn sie sich auf den Vorgang konzentrieren. Eine kernspintomographische Untersuchung lässt dagegen auch dann Einblicke zu, wenn sich der Untersuchte auf ganz andere Dinge fokussiert – wie in der normalen Werbewelt, in der die Werbung nur beiläufig wahrgenommen wird. Wirkt sie trotzdem? Der Proband ist sich selbst dessen zwar gar nicht bewusst, aber auch beiläufig präsentierte Produkte bewirken im Gehirn eine Kaufentscheidung – und die ist genauso zuverlässig messbar.

Von außen nach innen: Datenautobahnen ins Hirn

Der Traum ist so alt wie der Computer: Daten und Fähigkeiten werden auf einer Festplatte gespeichert und bei Bedarf ins Gehirn transferiert – direkt, ohne den mühevollen Umweg über Monitor und Augen. Eine Vision? Längst nicht mehr. Denn schon länger werden große Datenmengen direkt ins Gehirn übertragen: etwa von künstlichen Ohren. Ein sogenanntes Cochleaimplantat (Cochlea = Hörschnecke, ein Teil des Innenohrs) überträgt über eine Spule die Informationen eines Mikrofons direkt in den Hörnerv. Das Gehirn muss lernen, aus den Signalen wieder Worte und Sätze zu formen – was vor allem bei Kindern sehr gut funktioniert. Die Operation ist mittlerweile Standard und wurde weit über 400.000-mal ausgeführt. Ein zweiter Kanal ist das Auge: Forscher arbeiten an einer künstlichen Netzhaut, deren Signale über den Sehnerv direkt in das Sehzentrum des Gehirns übertragen werden. In ersten Versuchen konnte ein Patient Formen unterscheiden: einen Apfel von einer Banane. Der Weg ist noch lang, die Vision grandios. Denn eine künstliche Netzhaut muss sich nicht darauf beschränken, das für Gesunde sichtbare Licht zu übertragen. Sie könnte per Knopfdruck umgestellt werden, etwa auf Infrarot. Oder Ultraviolett. Sie könnte Restlicht verstärken, und Nachtsichtbilder direkt ins Gehirn übertragen. Eine künstliche Netzhaut könnte schon bald einer echten weit überlegen sein. Und das gilt natürlich auch für die anderen vier Sinne.

Dr. med. Magnus Heier, Neurologe, Journalist, Buchautor (Nocebo – wer's glaubt, wird krank) und Key-Note Speaker
(hirnwelten.de)

3 Die wichtigsten Neuromarketing-Konzepte

3.1 Multisensorische Verarbeitungsprozesse im Gehirn

Sie hatten mal wieder einen tollen Urlaub. Ihre digitale Kamera ist voller Bilder. Jedes einzelne gehört eigentlich gerahmt und in den eigenen vier Wänden präsentiert. Warum nicht das ganze thematisch ordnen? Im Badezimmer – Ihrer persönlichen Wellnessoase – sollen Bilder mit Meermotiv aufgehängt werden, in der Küche natürlich die Aufnahmen von den exotischen Gerichten und im Wohnzimmer ist noch reichlich Platz für die Sehenswürdigkeiten und Landschaften. Das Konzept steht. Die Bilder sind schnell ausgewählt. Doch wie sollen diese gerahmt werden? Oder wäre nicht doch Leinwand schöner? Ein Blick in die Angebote der Dienstleister hilft auch nicht weiter. Im Gegenteil: Er sorgt für Überforderung. Der Gang in den stationären Einzelhandel, um sich beraten zu lassen, verpflichtet moralisch dazu, direkt dort zu kaufen, meist allerdings zu höheren Preisen als im Internet.

Doch HALT! Ein guter Bekannter hat ihnen erzählt, dass es einen Wandbild-Berater gibt, der alle Vor- und Nachteile der verschiedenen Möglichkeiten erklärt. Eine kurze Google-Suche führt sie hierher: zum Pixum-Wandbild-Berater (www.pixum.de/poster-leinwand).

Sie sind begeistert: Eine sympathische Moderatorin entführt sie in die Welt der Wandbilder. Als Erstes können Sie Ihr Wunschbild hochladen. Anhand von

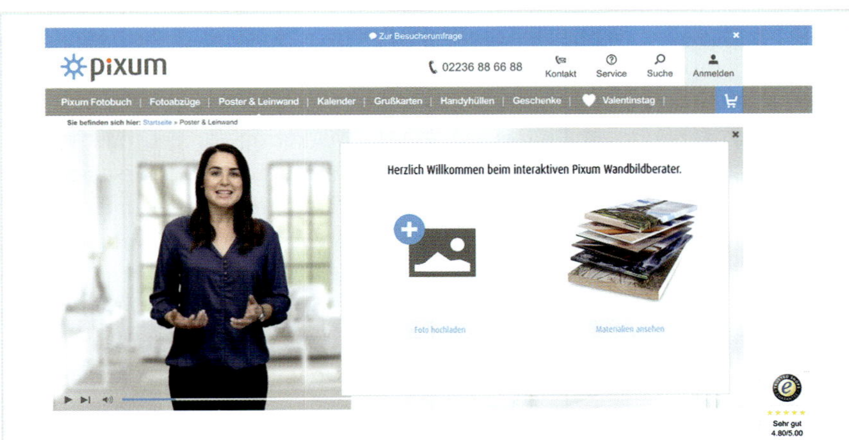

Abb. 53: Multisensorische Ansprache im Pixum Wandbild-Berater.

einfachen Fragen führt Sie die Moderatorin durch den Prozess, um das richtige Material für Ihr Bild zu finden. Entweder lassen Sie sich alle verfügbaren Materialien erklären, oder Sie lassen sich anhand von Fragen zum optimalen Material für Ihr Bild führen. Sie bestimmen dabei jeweils, was Sie sehen möchten oder worüber Sie informiert werden möchten. Am Ende wissen Sie, welches Material Sie für Küche, Bad und Wohnzimmer jeweils wählen sollten. Diese Art der Beratung im Internet ist natürlich sehr kundennah. Werden Sie gefragt, an welcher Wand Sie Ihr Bild aufhängen möchten, erscheint die Moderatorin mit einem Hammer. Sie fragt, ob es sich um eine Rigips-Wand handelt. Und damit Sie auch wissen, wie sich das feststellen lässt, klopft die Moderatorin gegen die Wand. So wissen Sie, wie eine Rigipswand klingt. Super, oder? In einem gewöhnlichen linearen Online-Verkaufsprozess finden Sie selten eine solche ausführliche und ansehnliche Beratung. Und wenn Sie am nächsten Tag von Ihrem Einkaufserlebnis berichten, können Sie nicht nur von der Moderatorin erzählen, sondern wissen auch noch, warum Sie welches Material für welches Bild gewählt haben.

Lassen Sie uns an dieser Stelle den Begriff »Multisensorik« platzieren. Hierbei geht es um die Aufgabenstellung, durch Instrumente des Marketings den Konsumenten zeitgleich über unterschiedliche Wahrnehmungskanäle jeweils mit der gleichen Botschaft anzusprechen, um einen bleibenden Eindruck zu hinterlassen. Inzwischen spielt die Multisensorik eine wichtige Rolle in der Hirnforschung. Zunehmend wird nämlich deutlich, inwieweit sich die Wahrnehmungskanäle gegenseitig beeinflussen (Häusel 2008).
Pixum bedient sich der mehrkanaligen Ansprache. Im Wandbild-Berater nutzt man Visualität, Akustik und vor allem *Interaktivität*.

Grundsätzlich erleben Sie etwas immer dann mit allen Sinnen und sind nachhaltig beeindruckt, wenn Sie dabei selbst mitmachen und etwas miterleben können. Dann bleibt ein tiefer, langanhaltender Eindruck von den Informationen in Ihrem Kopf. Diese multisensorische Verstärkung, auch Multisensory Enhacement genannt, ist für das sensorische Marketing von zentraler Bedeutung. Die zeitgleiche Vermittlung der Markenbotschaft auf verschiedenen Sinneskanälen führt zu einem neuronalen Verstärkermechanismus. Dieser Mechanismus bewirkt, dass wir in unserem Bewusstsein das Ergebnis bis zu zehnmal stärker erleben, als man dies aus der summierten Stärke der einzelnen Sinneseindrücke erwarten könnte. Die Verstärkerzentren in unserem Gehirn addieren die wahrgenommenen Sinne nicht nur, sondern verstärken sie um ein Vielfaches. Dieses Phänomen nennt man »Superadditivität« (Häusel 2008).

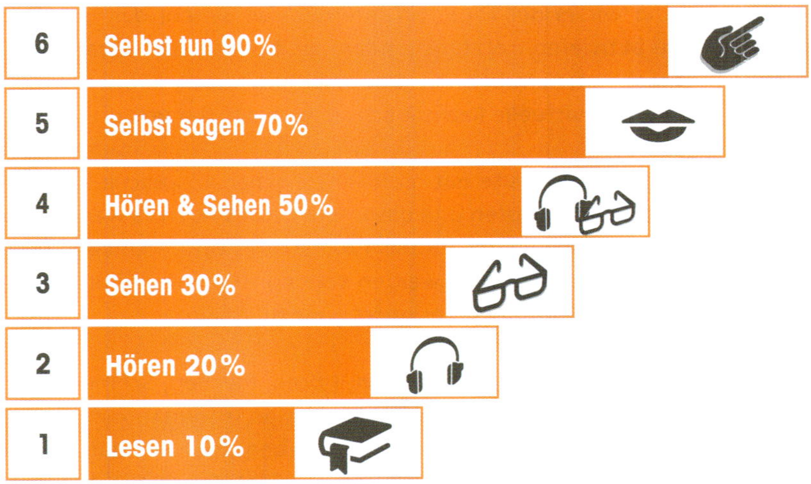

Abb. 54: Die Behaltensleistung ist beim »Selbsttun« am höchsten.

Wenn wir lesen, behalten wir lediglich zehn Prozent der aufgenommenen Informationen, 20 Prozent durch Hören, 30 Prozent durch Sehen, 50 Prozent durch Sehen und Hören, 70 Prozent durch Sehen und Sprechen. Am meisten behalten wir, wenn wir selbst mitmachen, mitgestalten und miterleben, das heißt interaktiv handeln. Die maximale Behaltensleistung liegt dann bei 90 Prozent (Abb. 54).

Durch Interaktion, das »Selbsttun«, kann ein tiefer, lange währender Eindruck von einer Website in unserem Kopf erhalten bleiben. Hier spielt das Internet eine seiner Hauptstärken im Vergleich zu Einbahnstraßenmedien wie TV oder Radio aus. Mit der dort möglichen Interaktion können wir wesentlich bessere Kommunikationswerte und mehr Behaltensleistung erreichen als über traditionelle Kanäle. Dazu müssen wir das Internet aber natürlich auch multisensorisch ausgestalten und die Interaktivität fördern. Selbst zu einem Teil des Events zu werden, ist besonders wichtig im Hinblick auf unsere Sinne. Denn genau an dieser Stelle kann der Konsument über die Sinnesorgane interaktiv in das Ereignis eingebunden werden (Herbrand 2008). Das menschliche Gehirn fasst demnach sämtliche Eindrücke und multisensorische Ergebnisse zu einer ganzheitlichen emotional-kognitiven Wahrnehmungseinheit zusammen (Lindstrom 2009). Grundsätzlich gilt: Je mehr Sinne in uns angesprochen werden, desto größer ist die Wirkung. Allein eine Kombination aus Musik und Bildern erzielt eine dreifach so hohe Wirkung, als wenn beide allein aufträten (Lindstrom 2007, Vortrag).

Schon heute sind wir in der Lage, via Internet das Sehen, das Hören und das Sprechen zu aktivieren. Letzteres, indem die Kunden die Webapplikationen mit der Sprache steuern können. Und auch die Haptik können wir über 3-D-Darstellung sowie virtuelle Realität schon ganz gut nutzen.

Die Aufbereitung einer Website mit multisensorischer Ansprache kann aber nicht nur Emotionen hervorrufen und das Interesse des Nutzers wecken, sondern auch zu einer Entscheidung für das Produkt des Unternehmens führen (Hilker, Raake 2010). Informationen werden vom Konsumenten intensiver gespeichert und können dann besser erinnert werden.

Sekündlich versorgen die fünf Sinne Sehen, Hören, Riechen, Schmecken und Fühlen unser Gehirn mit bis zu elf Millionen Bits an Informationen. Im gleichen Zeitraum verarbeitet unser bewusstes Erleben aber nur ganze 40 bis 50 Bits (Scheier, Held 2006). Wie schnell und effizient das Gehirn aus diesen elf Millionen Bits Bedeutungen ableitet, untermauert eine Studie der Carleton-Universität in Kanada. Sie zeigt, dass Kunden sich innerhalb von weniger als einer halben Sekunde ein erstes Urteil über eine Website bilden. Die Forscher legten Probanden mehrere Websites für jeweils eine halbe Sekunde vor. Anschließend sollten sie diese anhand mehrerer Dimensionen beurteilen, ob ihnen die Seiten zum Beispiel gefallen haben oder nicht. Eine weitere Gruppe hatte dieselbe Aufgabe, durfte die Websites aber beliebig lang anschauen. Trotz der längeren Betrachtung war ihr Urteil mit der ersten Gruppe, die spontan beurteilte, nahezu identisch.

Für die Ausgestaltung von Websites bedeutet dies, dass ein Großteil der Konzepte zu komplex ist. Zu viele Themen, zu viel Navigation, keine Emotion. Das Ergebnis: Der Nutzer ist weg, wenn der erste Eindruck nicht stimmt. Fällt das spontane Urteil positiv aus, steigt der User ein. Das ist bei Websites wie auch der zwischenmenschlichen Entscheidung nicht anders, wir treffen jemanden und kategorisieren diese Person. Das vereinfacht unserem begrenzten Bewusstsein die Arbeit, wir müssen nicht mehr nachdenken. Stereotype und Vorurteile sind deshalb so weit verbreitet, weil sie effiziente Vereinfachungsstrategien des Gehirns sind (Scheier, Held 2006).

Schauen wir uns nun noch einige weitere Beispiele an, bei denen die Multisensorik eine große Rolle spielt.

3.1.1 Interaktives Bühnenbild im Kreditgeschäft

Neben so komplexen Varianten der multisensorischen Verkaufs- oder Beratungsprozesse funktionieren diese auch sehr effizient in kleinerem Maßstab auf Websites, um die Conversion zu steigern. Nicht nur bei der TARGOBANK, sondern auch bei anderen Banking-Kunden konnten wir zeigen, dass eine deutliche Steigerung der Conversion-Rate erreicht wird, wenn das gewöhnliche Bühnenbild einer Website mit Button zur Online-Abschlussstrecke gegen einen interaktiven Stageheader ausgetauscht wird: Der Kunde kann damit an verschiedenen Stellschrauben spielen und so direkt sehen, ob er sich den angebotenen Kredit leisten kann. Ist die Rate noch zu hoch, kann er die Laufzeit erhöhen oder den Betrag verringern, bis es passt. Aufgrund des »Spielens« sieht der Kunde direkt, ob er sich den Kredit leisten kann. Somit muss er nicht viele einzelne Schritte des Antrages absolvieren, um dann enttäuscht zu werden. Das wiederum steigert die Bereitschaft, in den Abschlussprozess einzusteigen.

Abb. 55: Interaktiver Stageheader der Targobank.

Bei einem unserer umgesetzten Projekte konnte über solch ein interaktives Element mittels A/B-Testing eine signifikante Conversion-Rate-Steigerung in Höhe von 21 Prozent nachgewiesen werden.

Mit der Konfiguration des Kredites kann auch direkt der erste Schritt der Antragsstrecke übersprungen werden, was positiv auf die Conversion-Rate wirkt.

3.1.2 Virtual Reality (VR)

Als virtuelle Realität (VR) wird die Darstellung und gleichzeitige Wahrnehmung der Wirklichkeit und ihrer physikalischen Eigenschaften in einer in Echtzeit computergenerierten, interaktiven virtuellen Umgebung bezeichnet (Wikipedia 2018).

VR erfreut sich aktuell in den Social-Media-Netzwerken einer wachsenden Beliebtheit, da es immer einfacher wird, entsprechende Videos mit erschwinglichen 360°-Kameras zu erstellen. Außerdem findet die VR auch zunehmend Einzug in die Welt des Gamings – der Computerspiele: Das Geschehen wird nicht mehr auf dem Bildschirm betrachtet, sondern man hat den Eindruck, Teil des Spiels zu sein. Ein Kollege, der die VR-Ausrüstung für die Playstation 4 besitzt, berichtete total begeistert von einer VR-Demo, bei der man sich durch die Unterwasserwelt bewegt und sich alles anschauen kann. Nach einer Kopfdrehung schwimmt plötzlich ein weißer Hai auf einen zu. Erschrocken zuckt man zurück, obwohl einem eigentlich klar ist, dass es sich nur um ein Spiel handelt. Für das Unterbewusstsein ist die Darstellung allerdings so real, dass die Alarmreaktionen des Körpers sofort den Fluchtreflex auslösen, bevor das Bewusstsein wieder die Steuerung des Körpers übernimmt (Dörner et al, 2013 / Ekman 2010).

VR spricht in erster Linie die Sinne des Sehens und des Hörens an. Je nachdem, in welchem Umfang VR eingesetzt wird, können auch der Tastsinn und das Riechen involviert werden. Es bieten sich dementsprechend verschiedene Möglichkeiten, den Kunden das Produkterlebnis schon vor dem Kauf multisensorisch wahrnehmbar zu machen, um ihm die Entscheidung zu vereinfachen. Am Point of Sale kann das Produkt dem Kunden in die Hand gegeben werden, Düfte können eingesetzt werden und die VR-Brille mit Kopfhörern entführt das Gehirn des Kunden in die entsprechende Nutzungsumgebung. Er kann damit das Produkterlebnis wirklich fühlen: Wie wäre es, wenn der Saal für die Veranstaltung voll ausstaffiert ist? Wie duftet das neue Auto, welches ich kaufen möchte?

Das Produkterlebnis kann so weit gehen, dass die Kunden ihr Gleichgewicht verlieren, wenn sie die VR-Brille tragen, und eine Achterbahnfahrt erleben. Insofern können wir gespannt sein, wohin die Reise noch geht und wo die VR zum Einsatz kommt. Wir glauben fest daran, dass es künftig über private Systeme, sei es die Playstation 4 und ihre Nachfolger oder andere VR-Brillen wie Occulus Rift, auch in unsere Haushalte kommt (Dörner et al, 2013).

3.2 Zielgruppenbestimmung nach Limbic® Types

Das limbische System ist der Entstehungsort für unsere Emotionen und zu 95 Prozent an unseren Kaufentscheidungen beteiligt. Welche Wirkung Onlineshops auf uns haben, wie eine Einstellung zu diesen gebildet wird und wie wir uns letztlich entscheiden – all das findet in dieser Machtzentrale statt.

Der Psychologe, Founder und Senior Partner Dr. Hans-Georg Häusel vom Beratungs- und Marktforschungsunternehmen Gruppe Nymphenburg entwickelte die sogenannte Limbic® Map. Sie stellt ein umfassendes Grundmodell dar, das Auskunft darüber gibt, wie der Kunde denkt. Es ist nach Ansicht vieler Experten heute weltweit eines der besten Instrumente, um den Konsumenten, seine Motive, Emotionen und Werte besser zu verstehen (Scheier, Held 2006). Dr. Häusel hat sich zur Aufgabe gemacht, die bisher erforschten Fakten und Methoden aus den Natur- und Neurowissenschaften, der Medizin und der Neuroökonomie für Marketingexperten in ein systematisches Planungskonzept, die Limbic® Map, einzuarbeiten und als Marketingdienstleistung zur Zielgruppenansprache anzubieten. Sicherlich kennen Sie die klassische Zielgruppensegmentierung nach den Sinusmilieus, in denen Konservative, bürgerliche Mitte, Postmaterielle, Hedonisten etc. abgebildet sind. Im Neuromarketing besteht nun jedoch mit der Limbic® Map ein neuer Ansatz durch eine ganz neue Positionierung. Dieses Modell analysiert die Emotionssysteme im Gehirn, wie sie funktionieren und zusammenspielen. In einem Dreieckkonstrukt unterscheidet man die drei großen Emotionswelten Balance, Stimulanz und Dominanz (Abb. 56). Es basiert auf Erkenntnissen der Hirnforschung, der Psychologie und der Forschung (Häusel 2008).

Jede Entscheidung, die ein Mensch trifft, wird durch eine oder mehrere dieser Emotions- und Motivwelten stimuliert. Mittlerweile ist bekannt, dass jede Person von Natur aus eine individuelle Ausprägung von Dominanz-, Stimulanz- und Balanceverhalten in ihrer Persönlichkeit festgelegt hat (Abb. 56). Bei dominanten Menschen überwiegt das Streben nach Leistung, Anerkennung, Macht und Autonomie. Sie vermeiden Fremdbestimmung und Unterdrückung. Stimulante Menschen hingegen sind kreativ, spontan, neugierig und aktiv. Sie vermeiden Langeweile und Reizarmut. Der balanceorientierte Mensch ist auf Sicherheit bedacht. Zurückhaltung und Vorsicht prägen seine Persönlichkeit; er vermeidet Angst und Unsicherheit.

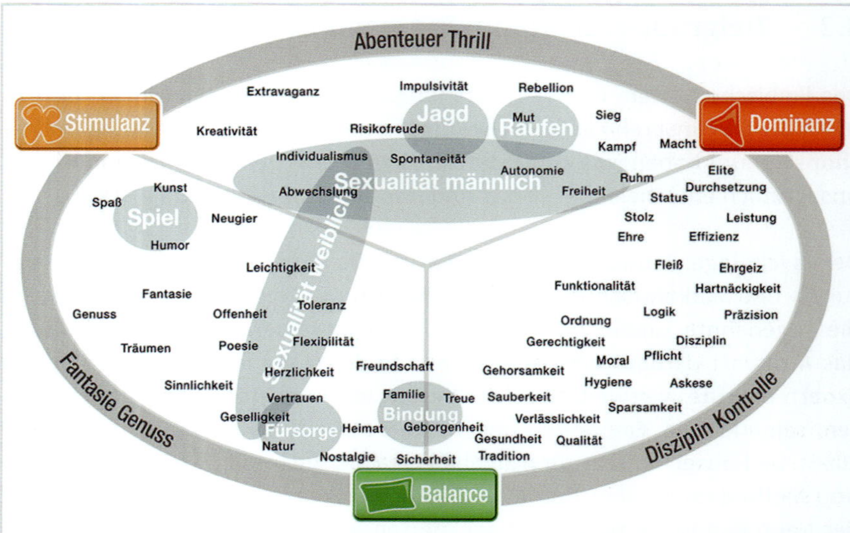

Abb. 56: Limbic® Map.

Doch wenn wir die drei Emotionssysteme genau betrachten, sehen wir, dass es neben diesen auch eine Reihe zusätzlicher Emotionsmodule gibt. Sie liegen innerhalb oder zwischen den drei Emotionssystemen.

Es gibt nicht nur die drei großen Emotionssysteme Dominanz, Balance und Stimulanz. Hierbei kann es nämlich auch zu Mischungen kommen, die sich aus den Kombinationen der drei Emotionssysteme bilden (Abb. 57). Abenteuer und Thrill ergeben sich aus der Kombination von Stimulanz und Dominanz. Auf der einen Seite will man über sich hinauswachsen und sich beweisen (Dominanz). Auf der anderen Seite will man dabei Neues entdecken (Stimulanz).

Fantasie und Genuss ergeben sich aus dem Stimulanzsystem, das aktiv nach Neuem und nach unbekannten Genüssen sucht, während das Balancesystem dabei bremst.

Das Disziplin- und Kontrollsystem bildet die letzte Mischung aus Balance und Dominanz. Das Balancesystem fordert, dass alles seine Ordnung hat und stabil bleibt, sich möglichst nicht verändert. Das Dominanzsystem dagegen möchte das Geschehen regeln (Häusel 2008).

Wie können nun diese Erkenntnisse im E-Commerce Anwendung finden? Nicht nur Marken, sondern auch Websites können den einzelnen Emotionssystemen in der Limbic® Map zugeordnet werden. Voraussetzung ist, dass die Zuordnung zielgruppenspezifisch erfolgt.

Beachtung muss auch der unterschiedliche Mix der Sexualhormone bei Mann und Frau finden, denn diese haben einen enormen Einfluss auf die Motiv- und Emotionssysteme im Gehirn. Während im männlichen Hirn eine stärkere Konzentration der Sexualhormone Testosteron und Vasopressin zu finden ist, wird das weibliche Hirn stärker von Östrogen/Östradiol, Prolactin und Oxytocin bestimmt. Testosteron beispielsweise verstärkt im emotionalen Gehirn das Dominanzsystem und die benachbarten Felder Abenteuer und Disziplin/Kontrolle. Hat der User eine hohe Affinität zu Produkten, beispielsweise Autos und Technik, dann lässt sich dies in der Limbic® Map zwischen Abenteuer/Thrill und Disziplin/Kontrolle zuordnen (Häusel 2008). Für Frauen sind Produkte rund um Soziales, Familie, Wohnen und Harmonie von großer Bedeutung. Hormone können folglich bei Frauen und Männern unterschiedliche Emotionsschwerpunkte verstärken, aber auch unbewusste Neigungen und Interesse für Websites verändern (Häusel 2008). Beispielsweise kann auch mit der Gestaltung der Website eine Zuordnung im Gehirn erfolgen.

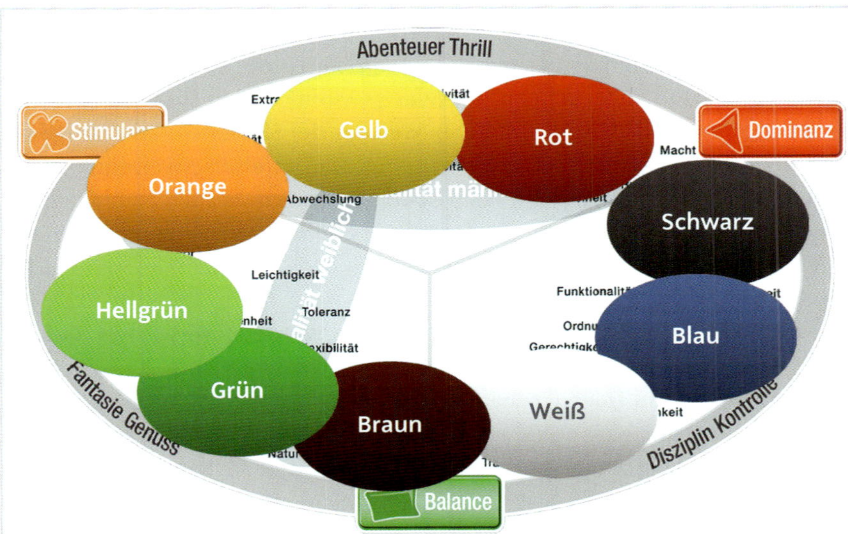

Abb. 57: Die emotionale Bedeutung von Farben.

Zum Beispiel steht die Farbe Blau für Kühle, aber auch für Sicherheit und Ordnung. Sie ist eher dem Bereich der Disziplin und Kontrolle zuzuordnen. Dagegen kann ein frisches, leuchtendes Gelb aktivieren und vitalisieren. Es steht für Optimismus. Gelb ist aus diesem Grund im Stimulanzbereich einzuordnen. Schwarz und Rot sind die Farben der Aggression. Insofern müssen wir uns die Frage stellen, warum die meisten Fehlermeldungen und Hinweise in Onlineprozessen rot, also aggressiv visualisiert werden. Aus Sicht der

Limbic® Map müsste man hier eine aktivierende, vitalisierende Farbe zum Einsatz bringen.

3.3 Weitere Konzepte zur unbewussten Beeinflussung von kognitiver Wahrnehmung und affektivem Verhalten

3.3.1 Framing

Über den Framing-Effekt (»Einrahmungseffekt«) konnte die Neurowissenschaft nachweisen, dass unterschiedliche Formulierungen einer Botschaft bei gleichem Inhalt das (Kauf-)Verhalten der Kunden beeinflussen (www.wikipedia.org/wiki/Framing-Effekt). So konnte Greg Miller nachweisen, dass Kunden ein Produkt eher kaufen, wenn es »zu 80 Prozent fettfrei« ist, als wenn es »20 Prozent Fettgehalt« aufweist (Raab, Gernsheimer, Schindler 2009).

Der Entscheidungsrahmen des Menschen wird eingeteilt in Gain-Szenarien (in denen der Mensch augenscheinlich etwas gewinnt) und in Loss-Szenarien (in denen er offensichtlich etwas verliert). Welches der Szenarien das richtige für das Marketing ist, hängt vom jeweiligen Produkt beziehungsweise der jeweiligen Kaufentscheidung ab. Um beim oben genannten Beispiel zu bleiben, ist es – vereinfacht ausgedrückt – eher reizvoll, 80 Prozent Fett zu verlieren, als 20 Prozent Fett zu sich zu nehmen.

Aber auch der umgekehrte Fall ist möglich und wurde in Versuchen nachgewiesen. Um es vereinfacht darzustellen: Wenn Sie jemandem 20 Euro in die Hand geben und ihn fragen, ob er das Geld behalten möchte oder es im Spiel mit der Chance auf einen 50-Euro-Gewinn einsetzen möchte, wird er wahrscheinlich die 20 Euro behalten. Geben Sie Probanden dagegen 50 Euro in die Hand, nehmen ihnen jedoch 30 Euro davon gleich wieder weg und bieten Sie ihnen an, diese 30 Euro im Spiel zurückzugewinnen, werden sich die meisten für das Spiel entscheiden. Dabei ist die Chance in beiden Fällen gleich: »Setze 20 Euro ein, um 50 Euro zu gewinnen.«

Löst man sich von den klassischen Konzepten der Webshops und Websites, lässt sich Framing dort kreativ einsetzen. So implementieren wir in ersten Projekten zeitgesteuerte Gain-Szenarien, um die Kunden zur Übermittlung des Warenkorbes zu aktivieren. Der Ansatz lautet: »Schicke in den nächsten x Minuten den Warenkorb ab und erhalte den Vorteil Y.«

Beim Framing muss man auch ins Detail gehen. Die Überschrift hier, der Störer da, dazu das passende Timing und die richtige Dynamik – all das in Kombination macht den Einsatz von Framing erfolgreich. Seine Wirkung ist hinreichend bewiesen. Man sollte es wesentlich häufiger und breiter umsetzen.

Beispiele aus der Praxis:
Framing wird gerade im Bereich der Hotelbuchungen sehr gerne eingesetzt, um den Kunden zu suggerieren, dass das tolle Hotel bestimmt bald nicht mehr buchbar ist, da nur noch ein Zimmer in der gewünschten Kategorie verfügbar ist, das letzte Mal vor einer Stunde gebucht wurde, 53 Leute sich das Hotel gerade anschauen und der Preis ein absoluter Knaller ist und nur heute noch die Flasche Wasser gratis im Zimmerpreis inkludiert ist. Dieses zugegeben überspitzte Szenario kennen Sie bestimmt auch.

Was passiert hier? Dem Nutzer wird das Verlustszenario aufgezeigt, dass er besser sofort bucht, bevor das super Angebot weg ist. Rational können wir uns zwar einreden, dass es sicherlich nicht so kritisch ist, wie dargestellt. Dennoch verspürt man den inneren Drang direkt zu buchen.

Ein anderes Beispiel aus dem E-Commerce-Bereich sind zeitlich stark begrenzte Sonderaktionen, um den Kunden zum direkten Kauf zu verleiten. Das nach-

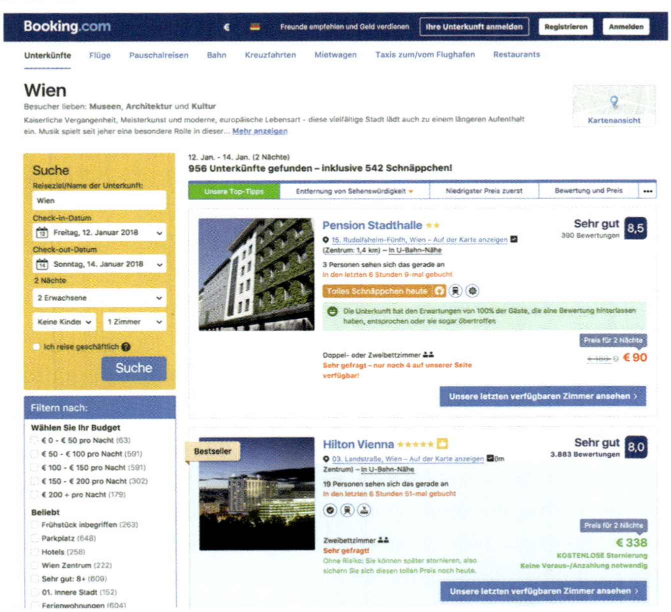

Abb. 58: Screenshot von booking.com zum Thema Framing.

folgende Beispiel von Vistaprint zeigt genau dies. Das prägnante »Nur heute« schürt die Angst, den Vorteil von 25 Prozent Rabatt am folgenden Tag nicht mehr zu erhalten.

Abb. 59: Rabatt bei Vistaprint in einem zeitlich begrenzten Rahmen.

Extreme Beispiele dieser Framing-Art sind mit einem Counter versehen, der einen relativ kurzen Zeitraum herunterzählt.

Abb. 60: Rabattcounter bei eis.de.

3.3.2 Priming

Mit dem Priming-Effekt kann man bei Menschen bestimmte Verhaltensreaktionen oder Assoziationen unbewusst beeinflussen beziehungsweise anbahnen (*prime* ist eine Art »Vorreiz«). Er basiert auf dem Prinzip, dass ein vorangegangener Reiz beim Menschen implizite Gedächtnisinhalte oder Handlungen aktivieren und beeinflussen kann. Die »primenden« Reize können zum Beispiel Wörter, Bilder, Gerüche oder Musik sein. Diese werden vom Kunden unbewusst wahrgenommen, lösen aber die gewünschten Assoziationen und Handlungen aus. Werden Assoziationen ausgelöst, spricht man vom semantischen Priming. Der Rezipient reagiert beispielsweise schneller auf das Wort »Kellner«, wenn vorher das Wort »Restaurant« genannt wurde. Sollen Handlungen ausgelöst werden, kommt affektives Priming zum Einsatz, eine automatische Aktivierung bereits vorhandener Informationen beziehungsweise Auffassungen. (Schauen Sie sich dazu auch das Video über den QR-Code an.)

Per Priming lassen sich hochinteressante Konzepte ausrollen. So konnte beispielsweise in einem Experiment nachgewiesen werden, dass deutsche Hintergrundmusik im Supermarkt zum verstärkten Kauf von deutschen Weinen beiträgt, während französische Musik den Kauf von französischen Weinen stimuliert (Kröber-Riel, Weinberg, Gröppel-Klein, 2009). Christian Scheier und Dirk Held konnten in einer Untersuchung zeigen, dass Restaurantgäste tendenziell mehr Geld in ihr Essen investieren und mehr Trinkgeld geben, wenn sie zuvor Markenlogos von Kreditkarteninstituten am Restauranteingang wahrgenommen haben (Raab, Gernsheimer, Schindler, 2009). Werden Probanden auf das Thema »Altern« geprimt, bewegen sie sich danach langsamer. Und umgekehrt erkennen Menschen, die sich fünf Minuten langsam bewegt haben, Wörter besser, die mit dem Thema »Altern« assoziiert werden.

Übertragen wir diese Ergebnisse auf Webshops und Websites, finden wir auch dort Einsatzpotenzial. Das fängt bei der multisensorischen Produktpräsentation an, bei der wir über Musik, Geräuschcodes oder die Tonalität der Off-Stimme gezielt Assoziationen und Handlungen auslösen können. Denn der französische Wein lässt sich online genauso durch passende Hintergrundmusik im Shop pushen wie im Supermarkt. Der leistungsstarke Gasgrill wird vom Kunden stärker wahrgenommen, wenn ein kräftiges Zischen des Fleisches die Hitze auf dem Rost signalisiert. Und die beschwichtigende Geste des Moderators lässt beim Kunden die Assoziation von Sicherheit und Vertrauen gegenüber dem Angebot entstehen.

Aktuell beschäftigen wir uns verstärkt mit den unbewussten Reizen im Verlauf von Bestellprozessen. Hier arbeiten wir daran, die Kaufentscheidung stärker vorzubereiten und damit die Conversion-Rates zu steigern. Eine hochinteressante Aufgabe, deren Erfolg wir gerade im E-Commerce durch Web-Controlling sowie multivariates A/B-Testing hervorragend messen können.

Beispiele aus der Praxis:
Priming funktioniert im Kleinen wie im Großen. Sicherlich ist es auch Ihnen schon einmal begegnet, wenn Sie online etwas kaufen möchten, beispielsweise Kleider. Im Bestellprozess kommt sehr oft das Eingabefeld für einen Promotion-Code. Vielleicht geht es Ihnen auch so wie mir: Sobald Sie das Code-Feld entdecken, assoziieren Sie damit »Sparen«. Mein erster Impuls ist dann meistens, den Bestellprozess zu verlassen und einen entsprechenden

Code zu suchen, um zu sparen. Denn wer spart nicht gerne? Finden Sie dann keinen Code, ist das deprimierend. Viele Kunden kehren dann nicht zurück zum Kaufprozess, und die Objekte werden im Warenkorb vergessen.

Ein anderes negatives Beispiel für die Wirkung von Priming ist in so manchen Anmeldeprozessen zu finden:

Abb. 61: Negativbeispiel für Priming.

Im rechten Bild findet sich der freundliche Hinweis, dass man keine SPAM-Nachrichten zu befürchten hat. Allerdings denken viele Kunden überhaupt nicht an Spam-Nachrichten bei der Anmeldung. Aber ist der Gedanke daran einmal in unsere Gedanken gepflanzt, ist es zu spät und die Folge sind ca. 18 Prozent weniger Registrierungen als bei der linken Variante. Weniger ist also manchmal mehr.

Es gibt aber auch positive Beispiele für Priming. Vergleichen wir hierzu einmal den Verkaufsprozess einer Versicherung beim Vermittler und online: Beim Vermittler sagt der Kunde: »Das nehme ich!«. Damit ist die Kaufentscheidung gefallen. Der Vermittler füllt alle notwendigen Unterlagen aus und der Kunde unterschreibt dort, wo es ihm gezeigt wird. Anders schaut es online aus: Der Kunde klickt auf »Abschließen« und muss dann selber alle Pflichtfelder mit Daten füllen. Das Problem ist nur, dass er zwar eine Kaufentscheidung getroffen hat, als er auf den Button geklickt hat, der Kauf aber damit noch nicht vollzogen ist. Er hat noch genug Möglichkeiten den Kauf abzubrechen: Er fängt doch an zu zweifeln, er wird abgelenkt und vergisst dann abzuschließen, oder es gibt technische Probleme. Jedenfalls füllt er alles aus und muss dann noch einmal auf »Jetzt online abschließen« klicken – wieder ein Schritt, der Zweifel über die Kaufentscheidung schüren kann ... Und daher sollte in solchen Fällen Priming zum Einsatz kommen: Der Kunde soll den gleichen Eindruck haben, als wenn er den Antrag gemeinsam mit dem Vermittler ausfüllt. Die Kaufentscheidung ist getroffen und nun werden die notwendigen Unterlagen ausgefüllt: Alle Angaben werden im Gespräch aufgenommen. Der Vermittler beschwichtigt indessen, dass es gleich geschafft ist, dass der Kunde eine gute Entscheidung gefällt hat usw. Der Kunde erkennt das Prozedere als »notwendiges« Übel und bleibt geduldig. Genau diesen Modus wollen wir auch online erreichen. Hierzu erfolgt immer wieder die positive Bestärkung: »Gute Entscheidung«. Oder der noch notwendige Aufwand wird marginalisiert: »Gleich geschafft«.

Unsere Erfahrung aus erfolgreichen Projekten zeigt: Je natürlicher die Kommunikation ist, desto positiver wirkt sie auf den Kunden. Und wenn der Kunde sich wohlfühlt, kauft er auch. Ein sehr gutes Beispiel für natürliche Kommunikation finden Sie hier: www.hioscar.com/get-quote/. Hierbei handelt es sich übrigens um ein sog. Natural Language Form, also um ein Formular, das der gewohnten Sprache entspricht.

3.4 Spiegelneuronen als Grundlage menschlicher Kommunikation

Sicher kennen Sie das Phänomen, dass jemand gähnt und Sie automatisch mitgähnen müssen. Im Volksmund heißt es dann: »Gähnen ist ansteckend.« In dem Moment, in dem auch Sie gähnen, werden Ihre Spiegelneuronen aktiv. Für das Neuromarketing ist das ein wichtiger Aspekt, denn wie schon am Anfang dieses Buches angesprochen wurde, können Emotionen über sogenannte Spiegelneuronen im Gehirn ausgelöst werden.

Die Spiegelneuronen wurden in den 1990er-Jahren von Vittorio Gallese und Giacomo Rizzolatti an der Universität Parma in Versuchen an Makaken entdeckt. Für die Versuche wurden den Affen Elektroden ins Gehirn implantiert, so dass man verfolgen konnte, wie die Neuronen feuerten, wenn die Tiere nach einem Gegenstand griffen. Die Nervenzelle feuerte nur dann, wenn der Affe mit seiner Hand nach einer Erdnuss griff, die auf dem Tablett lag, nicht beim alleinigen Anblick der Nuss. Die Forscher konzentrierten sich auf diese Zelle und beobachteten, dass die Nervenzelle ein bioelektrisches Signal sendete, sobald der Affe diese Handlung ausführte. Sie machten nun eine erstaunliche Entdeckung: Wenn die Affen sahen, wie einer der Forscher nach einer Nuss griff, zeigten sie die gleiche Hirnaktivität, wie wenn sie selbst die Greifbewegung ausführten. Es war eine neurobiologische Sensation (Bauer 2006).

Auch bei Menschen lässt sich das Spiegelneuronen-Phänomen nachweisen. Die für diesen Zweck derzeit gebräuchlichste Methode ist die funktionelle Magnetresonanztomographie (fMRT). Menschen, welche die Handlungen anderer beobachten, aktivieren Netzwerke ihrer eigenen Handlungsneuronen. Das bedeutet: Beim Beobachter wurden dieselben Zellnetze aktiviert, die auch bei eigenem Handeln angesprochen wären.

Der Vorgang der Spiegelung passiert simultan, unwillkürlich und ohne jedes Nachdenken. Von der wahrgenommenen Handlung wird eine interne neuronale Kopie produziert, als vollzöge der Beobachter die Handlung selbst. Was er beobachtet, wird auf der eigenen neurobiologischen Tastatur in Echtzeit nachgespielt. Eine Beobachtung löst also in einem Menschen eine Art innere Simulation aus (Bauer 2006).

Spiegelneuronen sind auch dafür verantwortlich, dass wir häufig das Verhalten anderer Menschen nachahmen. Das Phänomen ist angeboren und kann bereits bei Babys beobachtet werden. Strecken Sie einem Säugling einfach die Zunge heraus, und mit großer Wahrscheinlichkeit wird das Baby die Bewegung nachahmen (Abb. 62).

Abb. 62: Die Wirkung von Spiegelneuronen.

Auch für die Onlinedarstellung sind Spiegelneuronen von besonderer Bedeutung, denn um Emotionen zu erleben, muss man den Reiz selbst nicht unmittelbar erleben, sondern er kann ebenso multimedial vermittelt werden (Kroeber-Riel, Weinberg, Gröppel-Klein 2009). Das Vormachen und das Zeigen haben also »genau wie im richtigen Leben« eine wichtige Funktion. Nur so können bestimmte Inhalte effizient und lebhaft vermittelt werden (Herbrand 2008).

3.4.1 Menschlich kommunizieren auch im Internet

Die Spiegelneuronen kann man sich also auch im Internet zunutze machen. Wenn man die Kaufbereitschaft im Netz erhöhen möchte, muss man menschlich kommunizieren: »Der Mensch ist die stärkste Droge des Menschen«, so Prof. Joachim Bauer. Ein menschliches Gehirn könne ein anderes in Resonanz bringen – ähnlich wie eine Stimmgabel. Sein Fazit: Kennt und spiegelt ein Verkäufer die Wünsche und Bedürfnisse des Kunden, fühlt sich der Kunde gut. Fühlt er sich gut, kauft er ein (Bauer, Vortrag auf dem Neuromarketing-Kongress 2010).

In den meisten Strategien zur emotionalen Beeinflussung werden Emotionen visuell durch Darstellung von Menschen kommuniziert. Bildliche Informationen weisen im Vergleich zur textlichen Informationsaufnahme wesentliche Vorteile auf, denn Bilder können stärker emotionalisieren als Texte und werden in der Regel vor Texten betrachtet, besser gelernt und auch länger behalten. Bilder transportieren um ein Vielfaches mehr Informationen als ein Text – der größte Teil der Informationen wird sofort vom Gehirn im Unterbewussten aufgenommen, während man sich durch einen Text mit dem bewussten Teil des Gehirns durcharbeiten muss, was in diesem Fall äußerst ineffektiv ist.

Die Darstellung von Emotionen in der Werbung konzentriert sich in der Regel auf Situationen, in denen Menschen handeln und gemeinsam mit einem Produkt oder einer Dienstleistung dargestellt werden, so dass sowohl eine verbal als auch eine nonverbal übermittelte Information erfolgt. Die Art und Stärke der dargestellten Emotionen müssen im Hinblick auf die durch die Argumentation aufgezeigten Verhaltensmöglichkeiten als kongruent empfunden werden. Die durch nonverbale Signalsysteme präsentierten Emotionen müssen mit den verbal und bildlich übermittelten Informationen einen konsistenten Gesamteindruck hinterlassen. Menschen verhalten sich in Gesellschaft anders, als wenn sie allein sind. Für eine solche Verhaltensänderung muss der andere jedoch nicht gegenwärtig sein. Auch wenn auf dem Bildschirm ein Gesicht erscheint, zeigen die Testpersonen andere Reaktionen, als wenn es sich um eine textbasierte Bildschirmoberfläche handelt. Das Gesicht ist einer der wichtigsten Bezugspunkte für den Menschen. Ein Gesicht erlaubt anderen Personen, Rückschlüsse auf die Emotionen des Menschen zu ziehen und auf einige seiner Charaktereigenschaften zu schließen (Diehl 2002).

Abb. 63: Zeigegeste des Moderators auf den Button.

Wir können auch impulsiv Bewegungen nachahmen und dadurch selbst erleben. Das zeigt das Ergebnis aus unserer Neuromarketing-Studie. Im Video-Interface der ERGO Direkt weist der Moderator mit der Hand auf den Button »Beitrag berechnen« (Abb. 63). Der Proband folgt der Handbewegung des Moderators und klickt den Button.

Die Heatmap der Eye-Tracking-Aufzeichnung zeigt den Blickverlauf des Probanden (Abb. 64). Anhand der Aufzeichnung wird deutlich, dass der Proband die Bewegung impulsiv nachgeahmt hat. In diesem Moment sind bei ihm Spiegelneuronen aktiviert worden.

3.4.2 Perspektiventausch

Nicht nur die Entdeckung der Spiegelneuronen hat für viel Aufsehen gesorgt, sondern auch die Fragestellung, ob mit den Spiegelneuronen der Schlüssel für das Verständnis von Empathie gefunden worden sei. Empathie ist eine von einem Betrachter und einem Betrachteten geteilte Emotion, ein gemeinsames Gefühl von Subjekt und Objekt in einer Interaktion. Ohne Empathie wäre kein soziales Verständnis möglich. Menschen könnten weder die Gefühle noch die Absichten anderer in einer Interaktionssituation verstehen und interpretieren.

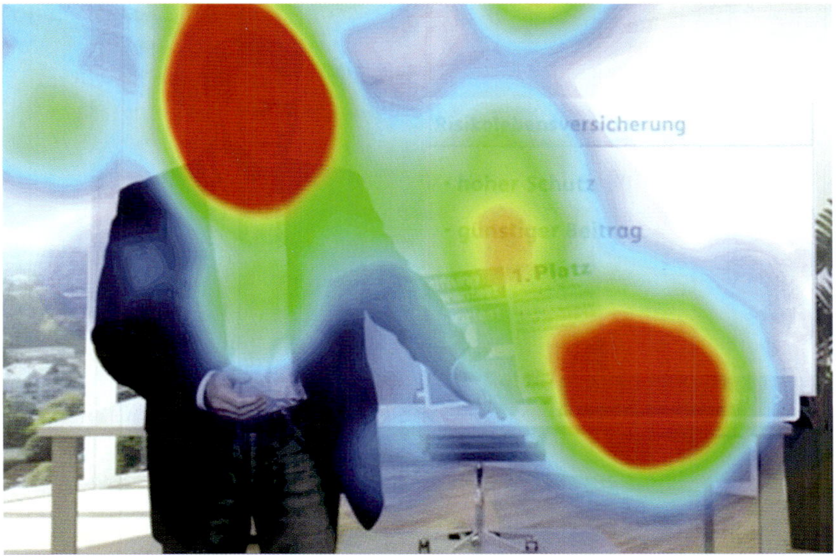

Abb. 64: Heatmap – Zeigegeste des Moderators.

Zusammenfassend gesagt, geht es bei der Empathie also um die Übernahme von Gefühlen (Mikos 2008). Findet diese Übernahme der Gefühle beim Betrachter statt, so können die Spiegelneuronen in diesen Zusammenhang gebracht werden. Das Gegenüber ist dann in der Lage, die Perspektive zu wechseln und einen anderen Menschen zu verstehen.

Eine Homepage sollte Sympathie und Empathie vermitteln, um erfolgreich sein zu können. Das gelingt nur, wenn »der Faktor Mensch« berücksichtigt wird. Eine statische Website kann keine Emotionen auslösen und Spiegelneuronen aktivieren, also auch keine Empathie zum User herstellen.

Weitere Erkenntnisse aus der praktischen Arbeit zeigen, dass der Blick des Users bei statischen Websites unruhig ist und nach Ankerpunkten sucht. Hierbei werden keine Spiegelneuronen aktiviert. Die Nutzer haben beim Betrachten vieler statischer Websites stattdessen Schwierigkeiten, sich überhaupt zurechtzufinden. Ganz anders sieht das bei multisensorischen Websites aus, in denen Menschen agieren. Dort reagieren die Nutzer mit eigener Mimik auf Emotionen, die über den Menschen transportiert werden.

Onlineshops müssen persönlicher werden. Sie müssen uns nachempfinden lassen, wie sich das Konsumerlebnis anfühlt. So schlüpfen wir aufgrund der Spiegelneuronen unbewusst in die Haut des Protagonisten, denn die Vorgänge laufen im Gehirn unbewusst und automatisch, also implizit, ab.

Doch wie vollzieht sich der Perspektiventausch? An dieser Stelle möchten wir die »Transportation Theory« zitieren: »›Transportation into a narrative world‹ ist ein Prozess des völligen Eintauchens in eine Geschichte. Er beschreibt die kognitive, emotionale und bildliche Teilnahme an einer Erzählung. Des Weiteren beinhaltet die ›Transportation Theory‹ die Konzepte des Absorbiert-Seins und der Identifikation.« Das Gefühl der Transportation wird damit beschrieben, »sich völlig einer Geschichte hinzugeben und alles um sich herum zu vergessen. Rezipienten verlassen ihre ›alltägliche‹ Wirklichkeit und begeben sich in eine alternative, für sie einzigartige Wirklichkeit« (Steinmann, Groner 2007). Als Resultat bestimmter Handlungen werde eine Person (der Reisende) »transportiert, mit welchen Mitteln auch immer. Der Reisende distanziert sich von der Welt, aus der er stammt. Auf diese Weise werden für ihn bestimmte Aspekte dieser Welt unzugänglich. Dann kehrt der Reisende in seine Welt zurück, irgendwie verändert durch die Reise« (Gerrig 1993). Und wie kann man am besten in eine Handlung einbezogen werden? Die Lösung liegt im Storytelling.

3.4.3 Bildgestaltung meets Neuromarketing

Bilder sind ein wichtiges Element auf Websites. Bei der Bildauswahl muss sich der Designer immer wieder die Frage stellen: Was soll dieses Bild bezwecken? Grundsätzlich sind nämlich zwei Ziele relevant:

1. Emotionen beim Betrachter wecken
2. Aufmerksamkeit auf eine bestimmte Stelle hinlenken oder ggf. auch ablenken.

Bei der Bildauswahl muss sich der Designer in die Zielgruppe hineinversetzen und sich folgende Fragen stellen: Wer bildet die Zielgruppe? Was sind die Wünsche und Bedürfnisse?

Stellen wir uns einmal folgendes Beispiel vor: Sie kommen auf eine Website über ein großes Skigebiet. Für jeden ist das passende Angebot dabei und das präsentieren Sie auch auf der Website. Die Herausforderung ist es nun, die verschiedenen Zielgruppen genau in den jeweiligen Bereich zu führen, deren Interessen und Bedürfnissen er entspricht. Das relevante Medium zur Nutzerführung ist die verwendete Bildwelt. Der Familienvater, der den Urlaub plant und sich informiert, möchte einen entspannten Urlaub mit seiner Familie erleben. Entspannung, Freude und gemeinsame Zeit sind für ihn wichtig. Im Gegensatz dazu gibt es die 25 Jahre alten Skifahrerinnen und Skifahrer, die Action und Abenteuer erleben möchten. So gegensätzlich die Wünsche und Vorstellungen über den Urlaub sind, so gegensätzlich sollten auch die Bildwelten sein: Der Familienvater findet seine Wünsche in einem Bild wieder, in dem eine fröhliche Familie auf der Piste zu sehen ist. Alle lachen, haben Spaß und sind entspannt. Die heile Familienwelt wird durch die natürliche Bildsprache transportiert. Im Gegensatz dazu weckt das Bild vom Freerider, der über die Piste fliegt, das Interesse derjenigen, die Aktion und Tiefschnee wollen, um auf ihre Kosten zu kommen.

Erforschen Sie die Wünsche und Bedürfnisse Ihrer Zielgruppe, ordnen Sie diese in die Limbic® Map ein und orientieren Sie sich an der zugehörigen Motivwelt, um passende Bilder zu finden.

Abb. 65: Die Familie im Schnee spricht durch die fröhlich entspannte Atmosphäre den Familienvater an und führt ihn implizit dorthin, wo er alle Infos zum Familienskiurlaub findet.

Das Beispiel unterstreicht, dass sich der Mensch insbesondere dann angesprochen fühlt, wenn es seiner Persönlichkeit, seinen Wünschen und Bedürfnissen entspricht. Aus dem Kapitel über die Spiegelneuronen wissen wir, dass der Betrachter das gleiche empfindet wie die handelnde Person. Bilder vermitteln eine »Stimmung«, die ein Betrachter nachempfinden kann, wenn er das Gefühl kennt. Davon fühlt er sich auf natürliche Weise angesprochen, und seine Aufmerksamkeit wird aktiviert.

Die Frage ist: »Geht da noch mehr?« Der Theorie folgend ist die größte Droge des Menschen der Mensch selber. Das bedeutet, dass der Skifahrer auf dem Bild einen stärkeren Emotionstransfer erreicht, wenn der Betrachter auch das Gesicht und die Emotionen des Protagonisten sieht. Dann wirken nicht nur die allgemeine Stimmung des Bildes, sondern auch die direkten Emotionen. Und

Abb. 66: Action, Spaß und Abenteuer führen diejenigen, die entsprechendes im Skiurlaub suchen, automatisch in den richtigen Bereich.

je ähnlicher der Skifahrer dem Betrachter ist, desto stärker ist die Wirkung des Emotionstransfers. Möchten Sie nun eine weibliche Zielgruppe zwischen 20 und 30 Jahren ansprechen, muss die Person auf dem Bild ebenfalls weiblich sein und in die Altersklasse passen.

Je ähnlicher sich die Personen sind, desto stärker ist auch die emphatische Bindung. Diesen Umstand macht man sich im Bereich der Personalisierung von Websites zunutze. Hierbei erhält jede Zielgruppe zum Beispiel eigene Bilder. Und je wohler sich der Nutzer – oder besser sein Unterbewusstsein – fühlt, desto höher ist die Kaufbereitschaft.

Einen guten Anhaltspunkt zur passenden Bildauswahl bieten neben der Limbic® Map auch die Limbic® Types. Ordnet man seine Zielgruppe hier ein, geben die Werte innerhalb der Emotionssysteme einen guten Hinweis, was die Zielgruppe anspricht. Gleiches gilt für die farbliche Gestaltung. Diese wird ebenfalls den Limbic® Types zugeordnet, wobei die Farben auch die emotionale Bedeutung widerspiegeln. Eine Person aus dem Bereich Dominanz/Stimulanz wird durch ein Bild angesprochen, welches für Risikofreude & Kampf steht. Die passenden Farben gemäß den Limbic® Types tendieren dementsprechend in Richtung Rot/Gelb.

Ein Bild kann auch eine ganze Geschichte erzählen. Sieht man eine verwüstete Wohnung, Partyhüte, benutzte Gläser, ein leer gegessenes Büfett und alles, was sonst noch zu einem rauschenden Fest gehört, wird dem Betrachter schnell klar: Das war eine super Party. Sieht man nun noch einen leidend aussehenden Menschen auf dem Bild, versteht man, dass derjenige einen Kater hat – und kreiert damit ein passendes Umfeld für Kopfschmerztabletten-Werbung.

Abb. 67: Der Morgen nach der Party: Ohne die Vorgeschichte zu kennen, versteht man sofort, dass der Mann eine Partynacht hinter sich gebracht hat und nun unter den Folgen leidet. In der Sichtlinie zwischen Augen und Pizza ist ein idealer Platz, um wichtige Informationen oder Interaktionselemente zu platzieren.

Im Idealfall gibt es ein direktes Interaktionselement im Bild, um den Kaufprozess zu starten. Der Designer muss jetzt die Aufmerksamkeit des Betrachters dorthin lenken. Hier bieten sich verschiedene Möglichkeiten:

Kontraste sorgen für Aufmerksamkeit. Wenn sich also der Kaufen-Button farblich auffällig vom Rest des Designs abhebt, ist die Wahrscheinlichkeit höher, dass dieser geklickt wird. Damit bilden Kontraste eben einen Ankerpunkt. Dementsprechend muss darauf geachtet werden, dass die Elemente im Bild die Aufmerksamkeit an die Stelle lenken, wo diese gewünscht ist. Das kann zum Beispiel die Überschrift oder ein Button sein.

Zeigegesten von Personen im Bild, die in Richtung des Buttons weisen, steuern ebenfalls die Aufmerksamkeit des Nutzers. Die Grundsätze der Gestaltung sind natürlich auch nicht zu vernachlässigen. Was zusammengehört, muss daher auch im unmittelbaren Kontext stehen. Möchte man zum Beispiel die

Aufmerksamkeit von etwas ablenken – Stichwort »Kleingedrucktes« –, kann das zum Beispiel über eine Linie visuell abgetrennt werden oder mit wenig Kontrast integriert werden.

3.5 Storytelling

3.5.1 Im Kopfkino des Users

Überlegen Sie sich einmal eine Story zum Thema »Als ich das erste Mal ...«. Welches Thema Sie auch immer wählen werden, die erste Autofahrt, der erste Kuss, der erste Schultag oder auch »*das* erste Mal«: Vorhang auf, Ihr Kopfkino beginnt, und Sie werden selbst den Film sehen, der gerade in Ihrem Inneren abläuft. Das Skript ist authentisch, lebhaft und leibhaftig. Sie werden sich vielleicht nicht an das Datum erinnern, aber was würde das auch zu Ihrer Geschichte beitragen? Sie wissen jedoch noch, wie es nach dem »ersten Mal« später leicht regnete, wie es damals in der Schulklasse roch, welches Gesicht Ihr Fahrlehrer machte, wie die Kirchenglocken klangen damals im Urlaub ... deshalb ist eine Story eine lebendige Erinnerung, eine lebhafte Wiedervorlage Ihrer persönlichen Ereignisse (Gálvez 2009).

Storytelling heißt, Geschichten gezielt, bewusst und gekonnt einzusetzen, um wichtige Inhalte besser verständlich zu machen, um das Lernen und Mitdenken der Zuhörer nachhaltig zu unterstützen, um Ideen zu streuen, geistige Beteiligung zu fördern und damit der Kommunikation eine neue Qualität hinzuzufügen. Durch gut erzählte Geschichten können Neugierde erregt, Spannung erzeugt, Vergnügen bereitet, Emotionen geweckt und Spiegelneuronen aktiviert werden (Frenzel, Müller, Sottong 2006).

Warum mag unser Gehirn Geschichten? Entscheidungen werden zuerst von den unbewusst arbeitenden Hirnarealen getroffen. Diese suchen in einer Story zunächst nach den Mustervorlagen bereits bekannter Prototypen, nach Scripts, die auf Erfahrungen der frühen Lebensjahre beruhen. Dies gelingt am besten durch einfache Geschichten, die reduziert und durchdacht sind (Fuchs 2009). Bei der Suche nach einer Mustervorlage für das Storytelling sollten Sie nach einer Geschichte Ausschau halten, die mit Erlebnissen der Kindheit oder der Pubertät verbunden und positiv besetzt ist. Die stärksten Geschichten sind immer die selbst erlebten (Fuchs 2009).

Eine Geschichte kann als Beziehungsangebot fungieren: das Erzählen eines Prozesses, einer Lösungsfindung oder auch des Offenbarwerdens eines Problems, das die Zuhörenden nachvollziehen können. Eine Geschichte kann auch eine Einladung sein an andere, Vergleiche zu ihrem eigenen Erleben zu ziehen, mit eigenen Erfahrungen und Geschichten an die Erzählung anzuknüpfen. An dieser Stelle wird die Offenheit zum Dialog kommuniziert (Frenzel, Müller, Sottong 2006).

Der Begriff des Storytellings gewinnt derzeit im World Wide Web immer mehr an Bedeutung. Durch die Entwicklung der digitalen Medien wird dem User ja die Möglichkeit gegeben, die Geschichten und Erzählungen zu beeinflussen und interaktiv zu handeln. Kleine Geschichten sind bekanntermaßen sehr einprägsam. Sie werden im sogenannten episodischen Gedächtnis abgelegt, welches als das höchstentwickelte Gedächtnissystem des Menschen gilt. Dies führt dazu, dass man auch Geschichten speichert, die man sich eigentlich nicht merken will.

Die Vorstellung eines Produkts, das in eine Geschichte eingepackt ist, wird eher von dem Nutzer wahrgenommen als einzelne Begriffe, ellenlange Texte oder auch Diagramme. Ansprechende und emotional aufgeladene Bilder geben Sinn, und Sinn schafft folglich auch Wert. Untersuchungen zeigen, dass Produkte, die mit einer guten Geschichte versehen sind, den erzielten Verkaufspreis erheblich steigern können (Häusel 2010). Aus diesem Grund muss zur Funktion und zum Status auch die Geschichte mitgeliefert werden. Der Wert entsteht durch den Status, dieser muss aber auf der funktionalen Ebene mitgetragen werden. Wir leben im Zeitalter der Unterhaltung, das heißt, der User wartet auf eine Story. Bekommt er keine, verlässt er innerlich den Raum – also den Onlineshop (Gálvez 2009). Wenn wir nicht unterhalten werden, dann schalten wir »ab«, ganz gleich, ob wir in einem Meeting hinhören müssen oder vor dem PC sitzen.

Wer hat's verstanden? Hornbach!

Ob ein Hammer aus Panzerstahl oder Heimwerkermode – Hornbach versteht es, mit tollen Aktionen immer wieder Aufmerksamkeit zu generieren. Ein sehr gutes Beispiel für den Einsatz von Storytelling – und anderen Konzepten des Neuromarketings – ist das Hornbach Herrenzimmer (www.hornbach.de/herrenzimmer/). Im Rahmen einer mehrwöchigen Kampagne wird nach und nach ein »Herrenzimmer« gebaut, natürlich nur mit Hornbachprodukten und ins Extreme getrieben. Der sympathische (Hobby-)Handwerker, den man auch an einem Samstag im überfüllten Baumarkt treffen könnte, erfüllt sich den absoluten Männertraum: Nach und nach entsteht in einer rustikalen Fabrikhalle das Herrenzimmer unter anderem mit einem Anti-Spa, einem Waldlaufsimulator und einem Bierbach. Das Ganze wird Schritt für Schritt im Video erklärt, dazu gibt es alle Baupläne und Materiallisten. Man muss nur noch einkaufen gehen und kann alles direkt nachbauen.

Abb. 68: Das Herrenzimmer von Hornbach.

Aus Neuromarketingsicht ist das Projekt ein genialer Schachzug. Zum einen ist es natürlich Storytelling par excellence! Es werden bekannte Produkte verwendet und in einem neuen Rahmen präsentiert. Ein Gewächshaus wird zur Waschstraße (Anti-Spa), Laubbläser werden zum Hoover-Sessel umfunktioniert – wovon wohl jedes Kind im Manne schon mal geträumt hat. Dazu der Protagonist: Er repräsentiert die Persönlichkeit des Hobbyhandwerkers und ist dabei ein »Berliner Original«. Er entspricht einem Menschen, den man sich unter einem verrückten Bastler vorstellt und wie sich wohl auch viele Handwerker selber sehen (wollen). Er liefert kernige Sprüche, die fast schon als Lebensweisheiten gelten können. Die Limbic® Types und Personalisierung sind also auch gut getroffen.

Abb. 69: Ein Handwerker und Berliner Original baut das Herrenzimmer.

Die Darstellung bedient sich der Multisensorik: sehen, hören, lesen... alles ist dabei. Die Präsentation der Inhalte ist auf das Wesentliche reduziert, so wie man es sich bei einem Bastler vorstellt – toller Nebeneffekt: wenig kognitiver Ballast und Spaß durch unterhaltsame Videos.

Die Kampagne ist nicht auf die eigens eingerichtete Website beschränkt. Sie schafft es auch in die Kinos und das Kundenmagazin von Hornbach – dort inklusive der Bauanleitungen – und natürlich in die Social-Media-Kanäle des Unternehmens, mit der Aufforderung, die eigenen Herrenzimmer zu präsentieren.

4 Neuromarketing im Internet

4.1 Bisherige Aktivitäten und Erkenntnisse

Erstmals waren 2009 E-Commerce-Portale Gegenstand einer Neuromarketing-Studie, bei der per fMRT die emotionale Aktivierungsleistung der Portale getestet wurde. Lassen sich bei verschiedenen Onlineshops signifikante Unterschiede hinsichtlich der Aktivierungsmuster im Gehirn finden? Diese Frage wurde durch die Studie beantwortet. Die Durchführung erfolgte unter anderem durch Prof. Jörg W. Oestmann und die Berliner Charité sowie durch André Morys, Vorstand der Web Arts AG. Die Studie wurde im September 2009 in einem White Paper veröffentlicht.

Das Ziel der Untersuchung war es, statistisch signifikante Unterschiede der Aktivierung im Gehirn messen zu können. Hierzu wurden den Probanden die Startseiten von sechs Onlineshops (Otto, Baur, Mexx, Esprit, Frontline, Neckermann) als statische Screenshots für einige Sekunden gezeigt. Während der gesamten Zeit wurde mithilfe des fMRT die Durchblutungsintensität im ganzen Gehirn gemessen. Danach fand eine zehnsekündige Pause statt, gefolgt von einem weiteren Screenshot. Dieses Prozedere wurde bei wechselnden Reihenfolgen mehrfach wiederholt.

Dabei zeigten sich signifikante Unterschiede. Der stärkste Unterschied wurde im Bereich der Amygdala-Aktivität bei den Shops von Baur und Frontline sichtbar. Die Amygdala ist wie gesagt als Teil des limbischen Systems verantwortlich für die emotionale Bewertung von Situationen. Die Aktivität der Amygdala spielt eine zentrale Funktion bei Kaufentscheidungen. Während der ersten zwölf Sekunden der Betrachtung ist die emotionale Aktivierung des Frontline-Shops stärker als bei Baur. Baur kann erst nach 20 Sekunden Betrachtungsdauer eine erste emotionale Aktivität bei den Probanden hervorrufen, doch wirkt hier die emotionale Aktivierung nachhaltiger. Bei Frontline dagegen flacht diese bereits nach einigen Sekunden deutlich ab. Aufgrund der Versuchsreihe kann daraus abgeleitet werden, dass sich die Intensität der emotionalen Aktivierung und deren zeitlicher Verlauf sehr präzise per fMRT messen lässt. Ebenso zeigen verschiedene Shops signifikant unterschiedliche Aktivierungsmuster. Aus dieser Studie können noch keine weiterführenden Erkenntnisse abgeleitet werden, sie zeigt aber die Mechanismen und liefert valide Ergebnisse.

In einer weiteren Studie der Web Arts AG, die ebenfalls im Jahr 2009 durch Herrn Prof. Oestmann von der Charité durchgeführt wurde, hat man wie bei der bereits zuvor erläuterten Studie die Gehirnaktivität von Konsumenten beim Betrachten von Onlineshops mithilfe eines fMRT analysiert. Hierbei wurden zwei Schuh-Onlineshops ins Rennen geschickt. Optisch unterschieden sie sich darin, dass der Anbieter ShoeGuru jeden einzelnen Schuh präsentierte, als wäre er eine der begehrten Oscar-Trophäen. Auf ablenkende Navigationselemente oder Cross-Selling-Features wurde komplett verzichtet (Abb. 70).

Abb. 70: Keine ablenkenden Navigationselemente auf der Landingpage shoeguru.com.

Dabei konnte bei der Auswertung des fMRT-Messung festgestellt werden, dass bei der Betrachtung des Onlineshops ShoeGuru (Abb. 71, linke Grafik) im Vergleich zu der Webseite zappos (Abb. 71, rechte Grafik) eine höhere Aktivität im Nucleus accumbens, dem Belohnungssystem des Gehirns, stattfand. Der Nucleus accumbens ist in der linken Abbildung grün umrandet.

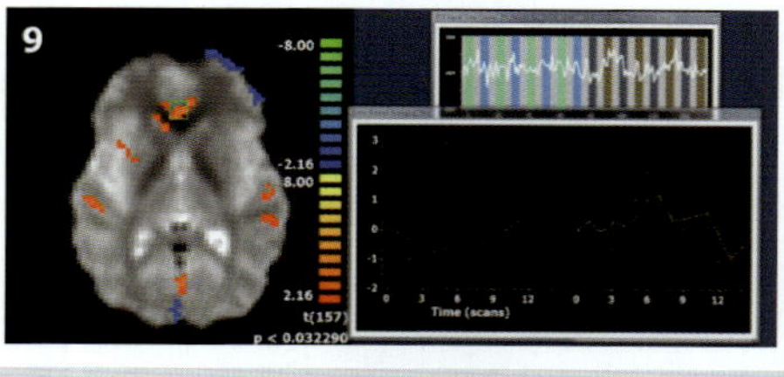

Abb. 71: Der Onlineshop ShoeGuru zeigt eine höhere Aktivität im Nucleus accumbens auf.

Obwohl beide Onlineshops beziehungsweise Marken in Deutschland unbekannt sind, konnte ShoeGuru mit dem stark reduzierten Layout deutlich stärkere Emotionen erzeugen.

Verkauft ShoeGuru durch die Aktivität im Belohnungssystem auch mehr? Hierzu entwarf die Web Arts AG fünf unterschiedliche Versionen. Die Varianten waren im Einzelnen:

- **Variante 1:** Die Kontrollvariante/Ausgangsversion der Produktseite (Abb. 72) eines führenden Modeversenders. Die Landingpage ist in diesem Fall gleichzeitig die Produktseite im Shop.

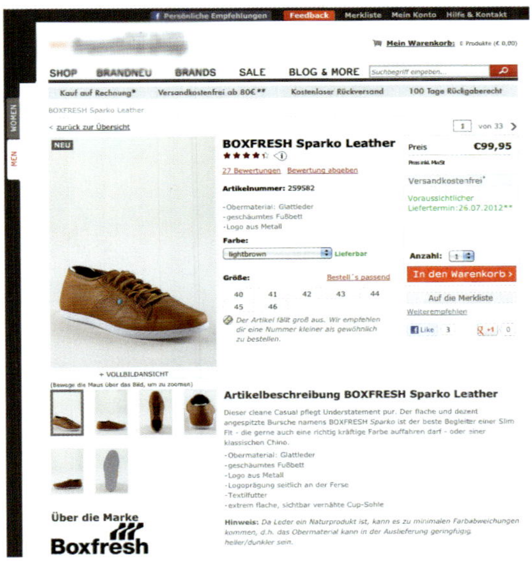

Abb. 72: Variante 1 – Landingpage eines führenden Modeversenders.

Variante 2: Eine optimierte Version, bei der das Bild vergrößert wurde und alle störenden Elemente entfernt wurden (Abb. 73).

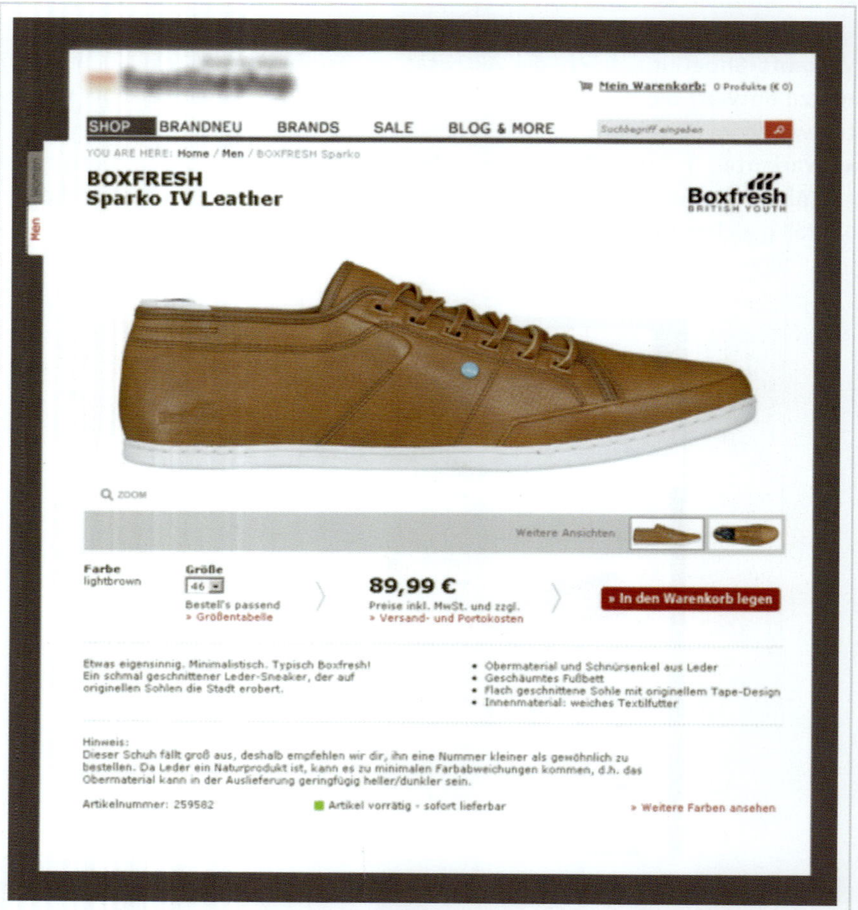

Abb. 73: Variante 2 – überarbeitete Variante (Neuromarketingvortrag)

- **Variante 3 a bis c:** Drei unterschiedliche Varianten mit einer emotionalen Fokussierung auf die unterschiedlichen Motivwelten integriert in die Limbic® Map nach Dr. Häusel (Abb. 74).

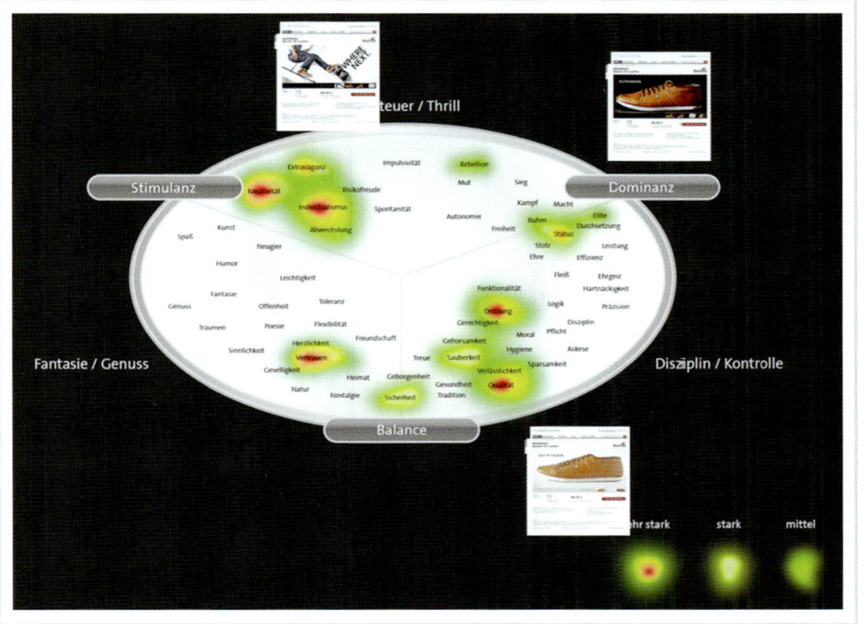

Abb. 74: Variante 3 a bis c, integriert in die Limbic® Map von Dr. Häusel.

Nach acht Wochen Testzeitraum, mehreren tausend Visits und Hunderten Aktionen war die Theorie bestätigt. Die Ergebnisse sahen wie folgt aus:

- Variante 2 erhielt mit 8 Prozent den kleinsten Uplift.
- Im Gegensatz dazu hatten alle drei Versionen der emotional fokussierten Landingpage einen deutlich höheren Uplift. Der Uplift der Siegervariante ist mit fast 80 Prozent zehnmal höher als der Uplift von Version 2 (Abb. 75; Web Arts AG).

In die Entscheidung für oder gegen ein Produkt fließen Erinnerungen und Eindrücke ein. Es zeigt sich, dass einem Produkt dann besondere Eigenschaften und Qualitäten zugeschrieben werden, wenn die Marke ein starkes Image hat und viele Assoziationen im Kopf des Konsumenten hervorruft. Folglich verfügen starke Marken über ein breites Netzwerk klarer und eng miteinander verknüpfter Assoziationen. Je stärker dieses Netzwerk im Gehirn verankert ist, desto einfacher können Informationen zum Produkt aufgenommen und auch abgerufen werden. In Entscheidungssituationen wird derjenige Onlineshop bevorzugt, auf dessen Netzwerk am einfachsten zugegriffen werden kann.

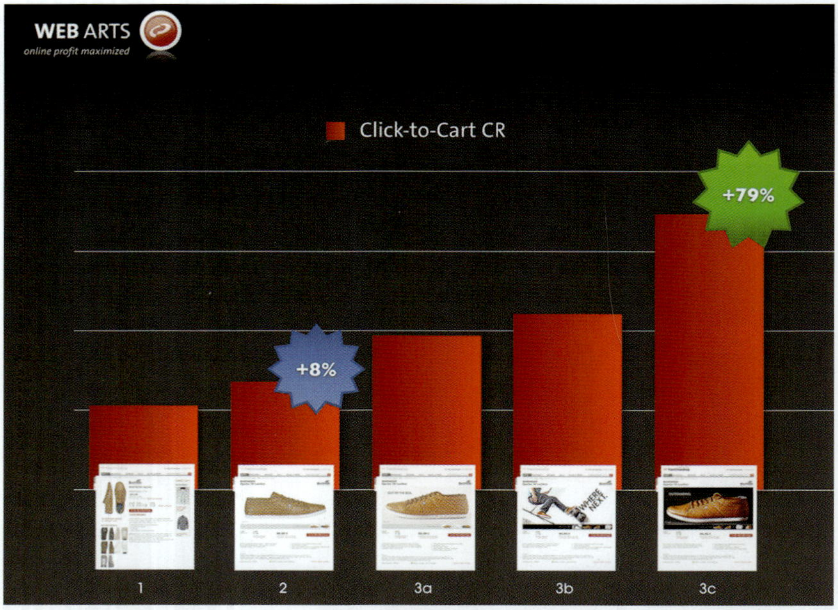

Abb. 75: Variante 3c, die der Motivwelt Dominanz zuzuordnen ist, geht als klarer Gewinner hervor.

Folglich ist es für die Stärkung einer Website unabdingbar, möglichst viele vernetzte Assoziationen zu schaffen. Der User sollte letztlich ein facettenreiches Vorstellungsbild der Marke und des Onlineshops im Kopf haben.

Des Weiteren wurde durch die Studien deutlich ersichtlich, welche entscheidende Rolle Emotionen spielen. Für das Gehirn sind Produkte beziehungsweise Internetseiten wertlos, die keine Emotionen auslösen und nicht an Motive anknüpfen. Ein Onlineshop sollte somit in der Lage sein, Emotionen in den Bewertungsprozess zu integrieren. Dies ist dann der Fall, wenn der Onlineshop zu einer erhöhten Aktivität in emotional geprägten Hirnbereichen führt, also im limbischen System. Aufgrund dessen sollten Onlineshops gehirngerecht aufgebaut sein.

Das Gehirn bedient sich wie gesagt oft unbewusster und automatischer Prozesse, wobei bewusste Verarbeitungsprozesse vermieden werden. Das Gehirn wird auf diese Weise entlastet und der auf Grundlage von Emotionen aufgeladene Entscheidungsprozess wird bevorzugt. Des Weiteren sollten E-Commerce-Portale insbesondere die Gehirnbereiche aktivieren, die im Zusammenhang mit Selbstwertgefühl stehen. Der Onlineshop muss die Bedürfnisse des Users befriedigen und darüber hinaus einen Zusatznutzen bieten.

Dieser zusätzliche Nutzen macht sich bei uns durch Gefühle des Wohlbefindens sowie durch Stärkung des Selbstwertgefühls bemerkbar. Erfolgreiche E-Commerce-Portale sind folglich so zu gestalten, dass sie das Belohnungszentrum im Gehirn aktivieren (Zimmermann 2006). Aus neuronaler Sicht sind Websites entsprechend ihrer Zielgruppe zu positionieren.

4.1.1 Stärken und Schwächen von Online-Shops: ein Vergleich von zwei Webseiten aus Neuromarketingsicht

2016 wurde vom neurowissenschaftlichen Marketingforschungs- und Beratungsinstitut Neurospective Berlin und der UVA Kommunikation und Medien GmbH Potsdam eine Studie durchgeführt, bei der insgesamt 22 Probanden zum Online-Einkauf bei den beiden umsatzstärksten E-Commerce-Plattformen Otto und Zalando gebeten wurden.

Die Aufgabe bestand darin, ein neues Paar Badelatschen und eine Brieftasche von Joop zu bestellen. Mithilfe eines Eye-Trackers wurde aufgezeichnet, welche Informationen überhaupt beachtet wurden und welche nicht, um in Erfahrung zu bringen, welche Elemente einer Website als »Kauftreiber« fungieren. Des Weiteren erfolgte die Aufzeichnung der Hirnaktivität während des Einkaufs mittels eines mobilen EEG.

Abb. 76: Untersuchung der beiden Webseiten mittels EEG und Eye-Tracking.

Man stellte fest, dass Frauen grundsätzlich stärker vom Onlineshopping angesprochen wurden als Männer. Sowohl im Durchschnitt über das gesamte Experiment gerechnet als auch im Peak, also zum Zeitpunkt der größten Kauflaune. Dieser Effekt war unabhängig vom Shop und von der Aufgabe zu beobachten.

Überraschend war die geschlechtsspezifische Wirkung der Auto-Vervollständigung von Otto.de. Gab man hier den Suchbegriff »Badelatschen« ein, schlug der dahinterliegende Algorithmus automatisch verschiedene Ergänzungen vor, darunter die Begriffe »Badelatschen Frauen«, »Badelatschen Herren« und »Badelatschen Männer«. Sowohl für Männer als auch für Herren scheint es also ein spezifisches Sortiment oder zumindest einen spezifischen Suchbegriff zu geben. Allerdings verbarg sich hinter beiden Suchbegriffen die exakt gleiche Auswahl. Die männlichen Probanden, die diese Doppelung entdeckten, zeigten sich irritiert, was sowohl in den Eye-Tracking-Daten (häufiges Hin und Her in der Blickbewegung) als auch im EEG deutlich wurde. Ein sichtbar negativer Einfluss auf die Handlungsmotivation war die Folge. Im Unterschied zu Männern, die wohl nur einen kleinen Anteil der Kundschaft von Otto.de ausmachen, schienen die Frauen durch die Doppelung hochgradig belustigt, was sich in einem Anstieg ihrer Stimmung und der mittels EEG gemessenen kaufrelevanten Prozesse widerspiegelte. Humor ist bekanntlich einer der wichtigsten Kauftreiber. Mittlerweile wurde übrigens die beschriebene Doppelung von Otto entfernt.

Ein weiterer wichtiger Aspekt im Neuromarketing ist die Frage nach der einem Kauf zugrundeliegenden Motivation – und der Möglichkeit, anhand dieser Motivation verschiedene Shopper-Typen zu unterscheiden.

Der in Deutschland wohl am häufigsten anzutreffende Shopper nach Limbic® Type ist der Balance-Typ. Er ist etwas unsicher in seinen Entscheidungen. Er kauft gern, was er bereits kennt, verlässt sich auf die Empfehlungen anderer und geht generell lieber auf Nummer sicher. Wie also unterstützt man den Kaufentscheidungsprozess von Balance-Typen? Zum Beispiel indem man ihnen möglichst frühzeitig deutlich macht, was bei einem Kauf auf sie zukommt. Landet man bei Otto auf der Produktauswahlseite, also jener Ansicht, in der in drei Spalten diverse Produkte mit Bild präsentiert werden, bekommt man zunächst je ein Bild für jedes Produkt, den Namen, die Marke, den Preis und im Falle von Schuhen die möglichen Farboptionen angezeigt. Vier Kriterien also, anhand derer man eine Entscheidung treffen kann. Hat man sich für eines der Produkte entschieden und bewegt man die Maus über das entsprechende Feld, um zur Produktseite (mit detaillierteren Informationen) zu gelangen, erscheint im oberen rechten Feld die Option »ähnliche Artikel« – die übrigens von den Probanden meist nicht einmal wahrgenommen wurde.

Weitere ca. 300 Millisekunden später blendet die E-Commerce Software noch die verfügbaren Schuhgrößen ein – allerdings leider erst zu einem Zeitpunkt, an dem der durchschnittliche Shopper bereits den Entschluss gefasst hat zu klicken oder bereits geklickt hat. Die EEG-Messdaten von Balance-Typen zeigen jedoch eindeutig, dass dieses »Mehr« an Information nicht positiv, sondern negativ wahrgenommen wurde, da der Entscheidungsprozess damit unterbrochen wurde. Das menschliche Gehirn braucht für gewöhnlich nur wenige 100 Millisekunden, um zu entscheiden, ob es einem Reiz positiv oder negativ gegenübersteht.

Neurowissenschaftliche Studien wie die beschriebene sind in der Lage aufzudecken, welche Informationen den Kunden zum Kauf motivieren. Das gleiche gilt auch für die gesamte Customer Journey, um detailliert Aufschluss über spezifische Stärken und Schwächen des Designs zu identifizieren und Grundlage für mögliche A/B Tests zu sein (Dr. Benny Briesemeister, 2017).

4.1.2 Die Wirkung von anthropomorphen Interface-Agenten auf E-Commerce-Seiten

Die erlebnisorientierte Gestaltung von Einkäufen, der im realen Handel seit Jahren eine wichtige Bedeutung zukommt, wird im E-Commerce bislang nur wenig beachtet. Eine in diesem Zusammenhang interessante Studie stammt von Heike Blens, Nicole C. Krämer und Gary Bente von der Universität zu Köln. In der Studie wurde die Wirkung von anthropomorphen Interface-Agenten untersucht. Darunter versteht man menschenähnlich gestaltete und autonom interagierende virtuelle Figuren. Die Studie war von der Frage geleitet, ob die Präsenz virtueller Figuren auf Internetseiten den erhofften positiven Effekt auf die Befindlichkeit des Nutzers, die Bewertung und Erinnerungsleistung sowie schließlich auf die Kaufentscheidung mit sich bringt. In der Untersuchung wurden 45 Versuchspersonen (20 Männern und 25 Frauen) im Alter von 16 bis 54 Jahren drei Online-Bücherstores präsentiert. Entscheidend war, dass zwei Online-Bücherstores mit einer virtuellen Helferin ausgestattet wurden, während der dritte keine besaß. Inhaltlich waren die drei Onlineshops gleich, wobei die Helferin in der Lage war, Auskunft über Bücher und Buchkategorien zu geben. Während eine Helferin unnatürliche Proportionen besaß, sah die zweite Helferin realistisch und natürlich aus. Jeder Versuchsteilnehmer wurde mit allen drei Bücherstore-Seiten konfrontiert. Die Reihenfolge der Präsentation wurde hierbei variiert, so dass sich jede Bücherseite einmal an erster Stelle befand. Die Probanden wurden darüber informiert, dass sie nacheinander drei Prototypen sehen würden, die jeweils im Anschluss zu bewerten seien.

Die Befindlichkeit der Probanden wurde mithilfe eines kurzen Fragebogens erhoben. Das Navigationsverhalten wurde vom Microsoft-Programm Camtasia aufgezeichnet. So konnten die Verbleibzeiten auf den einzelnen Bücherstore-Seiten festgehalten werden. Zuletzt erhielten die Versuchsteilnehmer einen Büchergutschein in einer bestimmten Höhe, für den sie sich auf einer der Store-Seiten ein Buch beziehungsweise mehrere Bücher aussuchen durften. Mittels des Camtasia-Rekorders wurde festgestellt, auf welcher Seite ein Buch gekauft wurde.

Durch die Studie konnte aufgezeigt werden, dass virtuelle Charaktere im Rahmen von Onlineshops sowohl den Unterhaltungswert und die positiven Empfindungen steigern können als auch dazu geeignet sind, die Verbleibzeiten und Erinnerungsleistung zu fördern sowie das Kaufinteresse zu unterstützen. Die Online-Bücherstores mit virtuellen Helferinnen führten zu einer Verlängerung der Verweildauer bei den Probanden. Diese setzten sich mit der jeweiligen Seite länger und intensiver auseinander. Des Weiteren gaben die Probanden bei der Befragung an, bei den virtuell betreuten Seiten amüsierter, weniger lustlos und gleichgültig gewesen zu sein. Die »User« sagten, dass sie mit den virtuell betreuten Bücherseiten mehr Spaß als mit der statischen Variante hatten. Beim Bücherkauf bevorzugten mehr als drei Viertel von ihnen die virtuelle Betreuung.

Das ist ein interessantes Ergebnis, doch handelt es sich bei nur 45 Teilnehmern um eine sehr geringe Stichprobengröße. Des Weiteren bestand der Untersuchungsaufbau lediglich aus einer Befragung, und der Aspekt der in diesem Zusammenhang stehenden Emotionen wurde lediglich in einem Fragenkatalog rein kognitiv abgefragt, das heißt, wie »gelangweilt«, »amüsiert«, »nervös« oder »gereizt« der Proband war, während er die unterschiedlichen Versionen betrachtete.

Außerdem erfolgte keine Untersuchung der im Menschen ablaufenden Prozesse: Inwieweit war der Proband emotional aktiviert? Welche Areale wurden im Gehirn angesprochen? Auf solche Fragestellungen gibt die Untersuchung leider keine Antwort.

Eine weitere Studie, die in Amerika zum Thema »Social Shopping« durchgeführt und im März 2010 veröffentlicht wurde, zeigt auf, dass sich ein klarer Trend in Richtung »richmultimediale Darstellungsweisen« abzeichnet. Insgesamt wurden 1000 Konsumenten (50 Prozent Frauen und 50 Prozent Männer) zu ihrem Kaufverhalten im Internet befragt. Bedingung war, dass der Konsument online mindestens viermal zu einem bestimmten Warenwert über den Vertriebsweg Internet bestellt hatte. Die Auswertung ergab, dass sich 58 Prozent der Internetnutzer entweder durch vom Verkäufer oder von Kunden erstellte Produktvideos vom Kauf überzeugen ließen. Das ist ein beeindruckendes Ergebnis, denn 30 Prozent der Internetnutzer gaben ebenfalls an, eine Seite zu verlassen, wenn Rich-Media-Inhalte zum Produkt fehlten (www.powerreviews.com 2010).

Die Ergebnisse der Studie unterstreichen die Wichtigkeit von Rich-Media-Elementen und zeigen darüber hinaus deutlich die Korrelation zwischen emotionaler Aktivierung und Abbruchraten beziehungsweise Conversion-Rates einer Seite. Dieser Erfolg kann mithilfe der Wahrnehmungspsychologie erklärt werden.

4.2 Aus eigener Forschung und Entwicklung

4.2.1 Emolyzr-Neurolab bei der TARGOBANK

Versteht der Kunde die Website? Nimmt der Kunde wahr, was er wahrnehmen soll? Erfüllt die Website die Erwartungshaltung des Kunden? Solche Fragen stellen sich alle Website-Betreiber, so auch die Targobank AG & Co. KGaA.

Nach eigenen Angaben ist die Targobank führend im Konsumentenkreditgeschäft in Deutschland und bedient sich dabei den gängigsten Vertriebswegen: Online, Filiale und Telefon (Targobank 2017).

»Die TARGOBANK gehört zur französischen Genossenschaftsbank Crédit Mutuel. Der Schwerpunkt liegt auf einfachen Bankprodukten, gutem Service sowie auf einer langfristigen und nachhaltigen Entwicklung. Dabei kombiniert sie die Vorteile einer serviceorientierten Direktbank mit einer kompetenten Beratung in den Filialen oder beim Kunden zuhause.« (Targobank 2017)

Im Rahmen einer Neuromarketing-Untersuchung im Auftrag der Targobank wurde die Customer Journey für das Produkt »Online Vorteilskredit« untersucht.

4.2.1.1 Die Probandenauswahl

Insgesamt wurden 21 Personen getestet, wobei zehn Probanden die mobile Version der Website testeten und elf die Desktop-Variante. Die Geschlechter waren gleich verteilt und die Probanden erfüllten die folgenden weiteren Kriterien:

- gemischte Altersverteilung,
- 100% angestellt (30% davon in Teilzeit),
- 100% Finanz(-mit-)entscheider,
- 100% Smartphone-Besitzer,
- 100% Online-Banking-affin,
- kein Ablehner der Targobank,
- 100% Kredit-affin,
- > 50% Online-Abschluss, 90% Online-Planer,
- 100% Online-Kredit grundsätzlich denkbar.

4.2.1.2 Die Durchführung

Vor der Durchführung der Untersuchung erhalten die Probanden eine kurze Einweisung und werden im Anschluss daran verkabelt. Jeder Proband, der die mobile Variante testet, erhält ein Smartphone mit dem bevorzugten Betriebssystem. Alle erhalten die Aufgabe, den Vorteilskredit abzuschließen.

Startpunkt ist die Startseite www.targobank.de. Die Probanden müssen eigenständig den gesamten Prozess durchlaufen, ohne ihr Handeln zu kommentieren. Dabei werden sie gefilmt und die beschriebenen Messmethoden werden angewendet: Eye-Tracking, EMG und EDA.

Im Anschluss an die Aufgabe werden die Probanden im Rahmen eines Tiefeninterviews befragt und folgen noch einmal dem gesamten Prozess, wobei sie dieses Mal kommentieren, warum sie etwas gemacht haben und was ihnen dabei auffällt.

4.2.1.3 Das Ergebnis

Die Erkenntnisse aus der Studie der Targobank bieten sehr interessante Ansatzpunkte, um schon mit kleinen Optimierungen den Nutzern ein besseres Erlebnis und bessere Nutzerführung zu bieten. Das ist wichtig, weil Kunden selbstverständlich eher dann zu einem Abschluss tendieren, wenn der Weg zum Produkt einfach ist und positive Emotionen beim Nutzer dominieren.

Im Folgenden werden Sie ein Beispiel aus der Studie sehen – interessant ist dabei besonders der Vergleich der Desktop- mit der Mobilvariante.

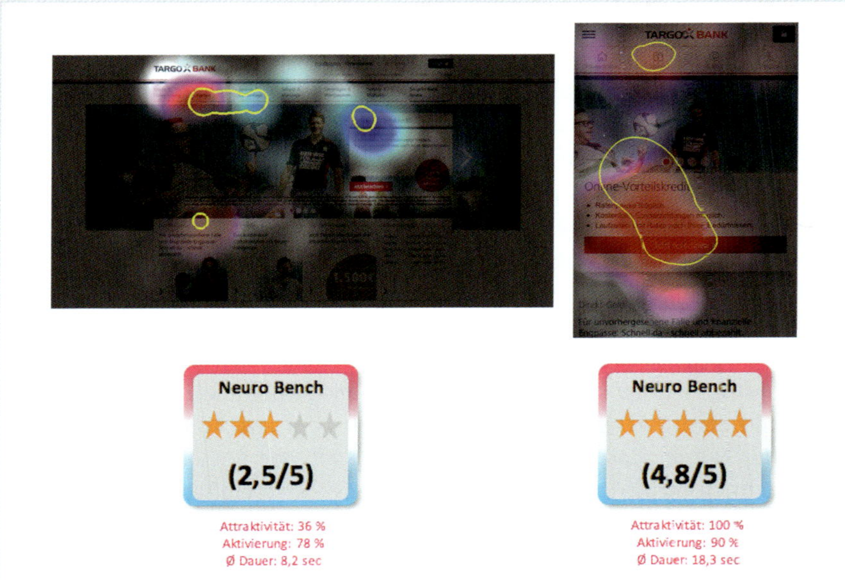

Abb. 77: Gegenüberstellung der Desktopvariante (links) und der Mobilvariante (rechts).

Betrachtet man die Gegenüberstellung, sind im Bühnenbild der Desktopvariante negative Emotionen zu erkennen. Der Nutzer nimmt dort nur einen kleinen Teil wahr. Obwohl er das gewünschte Produkt direkt vor Augen hat, identifiziert er diesen Bereich vermutlich eher als eine Art Werbebanner. Das Wort »Online-Vorteilskredit« in der Überschrift ist durch eine dicke Linie von der Vorteilskommunikation abgetrennt. Zusätzlich steht außerhalb des Kastens noch ein Button, der direkt zu dem Produkt führt. Dieser wird von den Probanden aber nicht wahrgenommen. Auch der Störer mit dem Zinssatz wird nicht beachtet. Hier kann also mit einfachen Optimierungsmaßnahmen dafür gesorgt werden, dass die Elemente so wahrgenommen werden, wie es gewünscht ist. Hier gilt wieder der Grundsatz: Was zusammengehört, sollte auch im Kontext dargestellt werden. Die Linie sollte entfernt werden und der Button in den Kasten integriert werden. Weiterhin sind die Personen im Bild für den Betrachter nicht relevant. Sie werden als die Werbeträger aus dem Spot identifiziert und somit wird der Eindruck des Werbebanners noch verstärkt, so dass das Unterbewusstsein keine Energie darauf verwendet, sich mit diesen weiter zu beschäftigen.

Das Kleingedruckte, zu dessen Darstellung Banken rechtlich verpflichtet sind, wird vom Nutzer nicht beachtet. Das ist auch gewünscht: Um den kognitiven Ballast beim Betrachter zu reduzieren, wurden die rechtlichen Vorgaben bei der Gestaltung beachtet. Die Art der Einbindung hingegen sorgt dafür, dass der Nutzer sich nicht mit diesem Text beschäftigt.

Als Reaktion auf die Menü-Darstellung sind sowohl positive wie negative Emotionen zu erkennen. Nachdem der Nutzer im Bühnenbild nicht fündig geworden ist, hat er die Erwartungshaltung, den Kredit an der zweiten Position zu finden. Da seine Erwartung nicht erfüllt wird, orientiert er sich weiter und findet sein Ziel letztendlich, was dann die positiven Emotionen auslöst.

Im Gegensatz dazu performt die mobile Variante der Startseite ganz anders, da aufgrund der technischen Vorgaben die Sortierung der einzelnen Elemente der Erwartungshaltung des Nutzers entspricht. Im Bühnenbild dieser Variante stellt der Ball einen starken Kontrast da, so dass hier ein Fokuspunkt für die Nutzer liegt. Diesen Effekt könnte man noch vertriebsrelevanter nutzen, allerdings ist das nur ein kleiner Kritikpunkt. Denn die zu optimierenden Positionen der Desktop-Startseite treten hier nicht auf. Auf den ersten Blick findet der Nutzer das gewünschte Produkt mit der Vorteilsargumentation und dem Button zum Produkt. Was zusammengehört, steht auch unmittelbar beieinander innerhalb des Kastens. Insofern ist das ein hervorragendes Beispiel, welche Anpassungen auf der Desktop-Variante vorgenommen werden sollten, damit diese genauso gut performt.

4.2.1.4 Fazit zur Neuromarketing-Untersuchung der Targobank

Die Neuromarketing-Studie ergab, dass sich alleine auf der Startseite eine Vielzahl an Ansatzpunkten für eine optimalere Darstellung der Inhalte bieten. Bereits kleine Veränderungen und das Adaptieren von positiv wirkenden Elementen der mobilen Variante auf die Desktop-Variante verbessern das Nutzererlebnis. So können also im nächsten Schritt, basierend auf der Untersuchung, Hypothesen gebildet werden, um die Anpassungen auf der Website durchzuführen und zu testen.

Wenn Sie wissen möchten, wie die Targobank die Ergebnisse der Neuromarketing-Studie verwendet, können Sie über den QR-Code das Interview mit den Experten der Bank aufrufen.

4.2.2 Die ERGO-Studie

Aus den vorliegenden Studien sowie den von uns bisher durchgeführten Analysen konnten wir bereits einiges für die Neuausrichtung von Websites und Onlineshops verarbeiten. Im Sinne unserer unternehmerischen Ausrichtung auf die natürliche Kommunikation fehlte uns jedoch eine Überprüfung von

Neuromarketing-Konzepten auf Basis verschiedener, auch interaktiver Medienformate, die in einem direkten Vergleich gegeneinander antreten.

Die Neuromarketing-Forschung war Ende der 2000er-Jahre maßgeblich auf statische oder serielle Medien ausgerichtet. Im Mittelpunkt der Analysen stand die klassische Push-Kommunikation mit Anzeigenmotiven, TV-Spots, Markenzeichen oder sonstigen kurzen Impulsen, die man mithilfe der hochsensiblen Gerätschaften untersuchen konnte, ohne dass der Proband agieren oder gar interagieren durfte. Husten, tiefes Atmen oder gar Bewegung führt bei diesen Verfahren zu falschen Ergebnissen.

Im digitalen Zeitalter entscheidet der Kunde jedoch selbst, welche Information er sehen und wie er die Medien konsumieren möchte. Hier geht es also um Pull-Kommunikation. Insofern mussten wir verschiedene Forschungsinstanzen erst davon abbringen, den interaktiven Videodialog im Video-Interface oder die Nullschleifen (Videosequenzen, die abgespielt werden, wenn der Nutzer den Response-Button nicht klickt) im seriellen Video durch Umwandlung in eine immer gleich ablaufende Videosequenz zu überführen. Eine solche Analyse hätte uns nicht geholfen, denn unsere Studie sollte ja gerade zeigen, wie die Menschen auf natürlichen, interaktiven Dialog auf einer Website reagieren. Und diese Art des Dialogs setzt eben maßgeblich die Möglichkeit zur Interaktion voraus. So führte uns unser Weg zu mobilen elektrodermalen Werkzeugen und Eye-Tracking-Lösungen, wie sie in Studien für den Point of Sale eingesetzt werden.

In der Zusammenarbeit mit Icon Added Value sowie den Experten von eye square, einem innovativen Research-Unternehmen aus Berlin, fanden wir schließlich ein Team, das sich unserem Versuchsaufbau stellte. Der Versuchsaufbau erfolgte in Kombination eines Remote-Eye-Tracking-Systems sowie dem LEDALAB (Leipzig Electrodermal Activity Lab).

4.2.2.1 Zielsetzung der Studie

Unsere Zielsetzung war frühzeitig definiert und mit folgenden Thesen unterlegt, die es in der Untersuchung zu verifizieren galt:

- **These 1:** »Multisensorische Websites lösen beim Probanden einen signifikant höheren Grad an emotionaler Aktivierung aus als statische Websites. Das beste Ergebnis erzielen hierbei interaktive Video-Interfaces, da sie der natürlichen Kommunikation des Menschen am nächsten kommen.«
- **These 2:** »Je höher die emotionale Aktivierung des Probanden ist, desto größer ist die Kaufbereitschaft in Form der Response- und Conversion-Rate.«

- **These 3:** »Multisensorische Websites führen zu einer höheren Behaltensleistung als statische. Auch hier realisieren die Video-Interfaces aufgrund der Interaktivität (selbst tun) die besten Werte.«
- **These 5:** »Durch Gestik und Mimik von realen Moderatoren lassen sich in seriellen Videos und Video-Interfaces beim Probanden Spiegelneuronen auslösen und Empathie vermitteln. Die Aufmerksamkeit des Probanden lässt sich so auf entscheidende Hotspots, zum Beispiel Buttons, lenken. Dieser Effekt lässt sich durch statische Websites beziehungsweise Animationen nicht erzielen.«
- **These 6:** »Eine persönliche, direkte Ansprache des Probanden führt zu einer höheren emotionalen Aktivierung.«
- **These 7:** »Motive des limbischen Systems lassen sich durch multisensorische Websites besser ansprechen als durch statische Websites.«

4.2.2.2 Technischer Aufbau: Eye-Tracking und elektrodermale Aktivität (EDA)

Für alle Interessierten ist der technische Versuchsaufbau dargestellt, der eine gleichzeitige Messung der emotionalen Aktivierung (EDA) sowie der Augenbewegungen (Eye-Tracking) des Probanden unter Bedingungen der Interaktivität ermöglicht (Abb. 78). Die Durchführung der Untersuchung erfolgte im Studio von eye square in Berlin.

Abb. 78: Versuchsaufbau: EDA, Eye-Tracking und Interaktion.

Das gesamte Studien-Set-up wurde von einem Testrechner aus gesteuert. Für die Darbietung der Testaufgaben sorgte der »eye square«-Testplayer. Dieser dokumentiert die Eye-Tracking-, EDA- und Screendaten synchron in einer Datenbank. Die Erfassung der Blickaufzeichnung erfolgte durch ein Remote-Eye-Tracking-System, das die Blickbewegungen mit Infrarottechnologie registriert. Mit dieser Technologie können sehr exakte Ergebnisse erzielt werden. Hotspots der Aufmerksamkeit auf der Website werden in Form von Heatmaps identifiziert.

Bei der Auswertung kann man grundsätzlich davon ausgehen, dass bei einer niedrigen Aktivierung keine oder wenig Verarbeitung von gesehenen Inhalten stattfindet, während bei überstarker Aktivierung Reize ebenfalls nicht verarbeitet werden, da auf gelernte und reflexhafte Schemata zurückgegriffen wird (Kampf-oder-Flucht-Reaktion). Insofern ist der Bereich der »wachen Aufmerksamkeit« der erwünschte Aktivierungsbereich (Abb. 79).

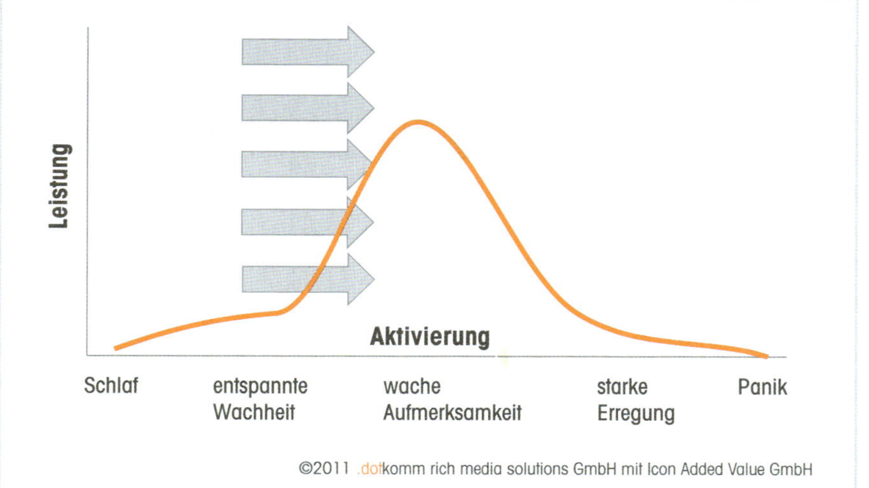

Abb. 79: Aktivierung und Verarbeitungstiefe.

4.2.2.3 Durchführung

Untersucht wurden Websiteversionen der ERGO (www.ergo.de) als Serviceversicherer und ERGO Direkt (www.ergodirekt.de) als Direktversicherer (Abb. 80). Getestet wurde mit insgesamt 155 Probanden im Alter zwischen 20 und 55 Jahren, die nach folgenden Merkmalen ausgewählt wurden:

- 100% haben einen Schulabschluss
- 100% sind im Haushalt bei der Entscheidung zu Versicherungsthemen beteiligt.

- 100% haben bereits eine oder mehrere Versicherungen abgeschlossen.
- 100% haben zu Hause einen Internetzugang.
- 100% surfen mindestens einmal pro Woche im Internet.
- 100% haben ein Haushalts-Nettoeinkommen zwischen 1000 und 3000 Euro (Single-HH) beziehungsweise zwischen 1500 und 4000 Euro (Mehr-Personen-HH).

Abb. 80: The Making-of – ein Einblick in den Versuchsablauf.

Den Probanden für www.ergo.de wurden drei unterschiedliche Websiteversionen zum Thema »ERGO Unfallschutz« präsentiert: die existierende statische Website, eine audiovisuelle Animation sowie ein serielles Video (Abb. 81). Jeder Proband wurde mit allen drei Websiteformaten konfrontiert. Die Reihenfolge der Varianten erfolgte nach dem Rotationsprinzip.

Abb. 81: Die drei Websiteversionen.

Schauen Sie sich dazu auch das Video über den QR-Code an.

Die Probanden hatten bei jeder der drei Versionen dieselbe Aufgabenstellung: Sie wurden aufgefordert, sich die Website anzuschauen und sich über ein Produkt zu informieren. Auf www.ergo.de bezog sich die Aufgabe auf das Produkt ERGO Unfallschutz. Auf www.ergodirekt.de stand das Produkt Risikolebensversicherung im Fokus. Im Anschluss an die Information sollten die Probanden auf www.ergo.de ein Angebot anfordern. Auf www.ergodirekt.de bestand die Aufgabe darin, eine Tarifberechnung durchzuführen.

Im Anschluss an die Aufgabenstellung wurden die Probanden interviewt, um einerseits die Behaltensleistung der jeweiligen Medienformate zu testen und andererseits bewusste Eindrücke und Meinungen zu erfragen. Diese bewusste Ebene bildete gleichzeitig das Pendant zur unbewussten Verhaltensweise im Test (Blickaufzeichnung und Aktivierung). Im Interview wurden neben der Kommunikationsleistung (Behaltensleistung) und Kaufbereitschaft (Response respektive Abschluss) auch relevante Markeneffekte (unter anderem Gefühlsdimensionen in Anlehnung an die Limbic® Map) abgefragt.

4.2.2.4 Testdesign 1: www.ergo.de

Im Testdesign 1 trat die bestehende statische Produktseite gegen eine audiovisuelle Animation sowie gegen ein serielles Video an. Gestartet wurde auf der Produktübersichtsseite des Produkts ERGO Unfallschutz (Abb. 82). Nach-

Abb. 82: www.ergo.de – Ausgangssituation

dem der Proband auf »Mehr« geklickt hatte, gelangte er jeweils zu der zu untersuchenden Version:

- **Version 1:** Statische Website (Abb. 83). Hier kam die bestehende statische Website mit rein visueller Kommunikation (Bild, Text) zum Einsatz.

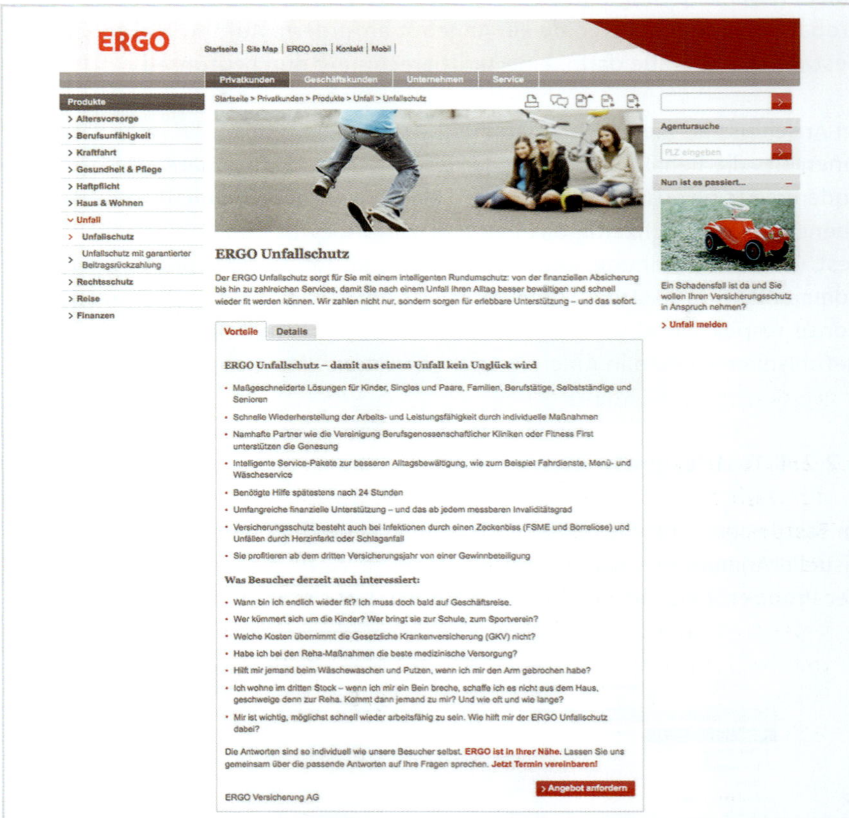

Abb. 83: www.ergo.de – statische Version.

- **Version 2:** Audiovisuelle Animation. Hier wurde zur Abgrenzung gegenüber dem seriellen Video bewusst mit einem illustrierten Format gearbeitet. Der Proband führt dabei lediglich am Schluss eine Interaktion durch den Klick auf »Angebot anfordern« aus (Abb. 84). Schauen Sie sich dazu auch das Video über den QR-Code an.

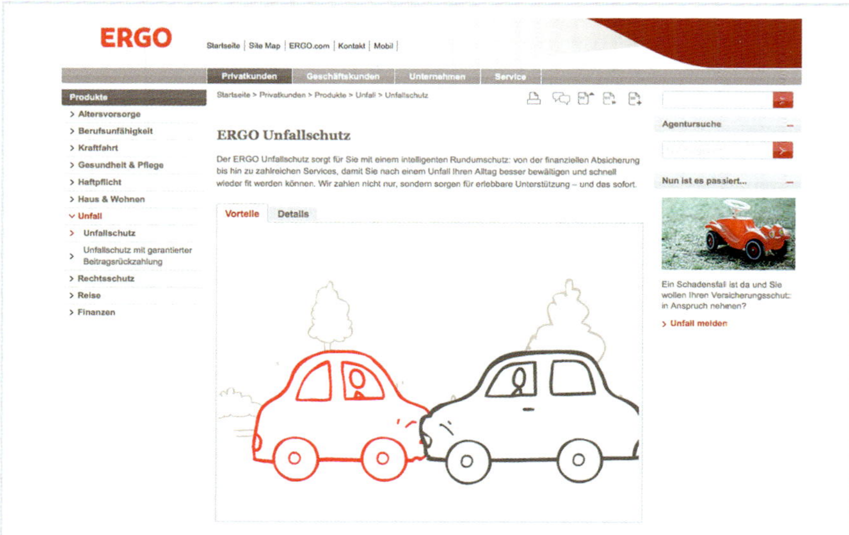

Abb. 84: www.ergo.de – audiovisuelle Animation.

- **Version 3:** Serielles Video. Die Produktmerkmale und -vorteile werden durch einen Moderator in einem virtuellen Studio präsentiert. Passend zur Moderation werden Text- und Bildanimationen eingesetzt. Auch hier führt der Proband lediglich am Schluss eine Interaktion durch Klick auf den Button »Angebot anfordern« aus. Zögert er mit dem Klick, wird er jedoch von einer sogenannten »Nullschleife« überrascht, einer kurzen Videosequenz, mit der noch einmal versucht wird, die Interaktivität des Probanden auszulösen (siehe Abb. 85 auf folgender Seite). Schauen Sie sich dazu auch das Video über den QR-Code an.

Alle drei Versionen wurden mit dem Rotationsprinzip getestet. Folglich haben von den 91 Probanden jeweils 30 zunächst die statische Version, 31 die audiovisuelle Animation und 30 die dynamische Variante mit dem Moderator gesehen.

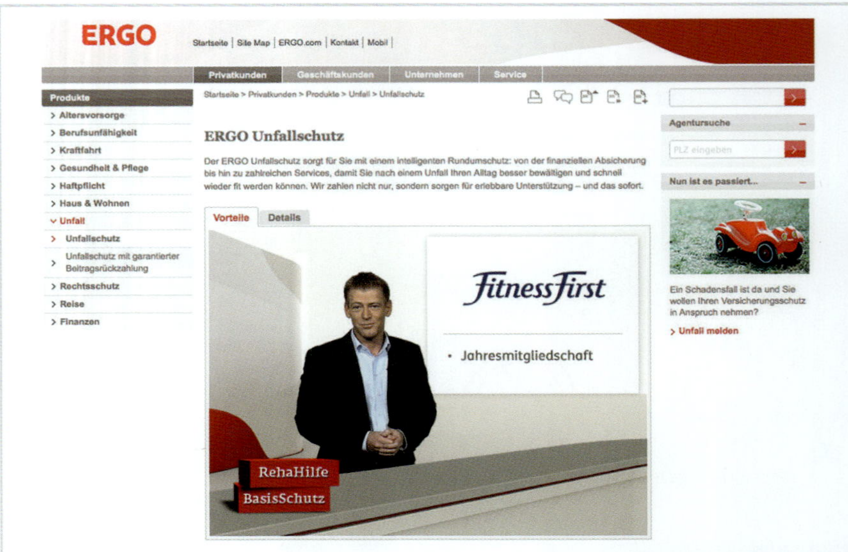

Abb. 85: www.ergo.de – serielles Video.

4.2.2.5 Testdesign 2: www.ergodirekt.de

In einem weiteren Testdesign trat die statische Website www.ergodirekt.de gegen eine multisensorische Variante mit interaktivem Video-Interface an. In beiden Versionen sollte sich der Proband zum Produkt Risikolebensversicherung informieren und seinen persönlichen Tarif berechnen. Ein Homepage-Teaser führte den Probanden auf die zu untersuchende Seite. Nachdem er auf »Mehr Informationen« geklickt hatte, gelangte er jeweils zu der zu untersuchenden Version (Abb. 86).

Abb. 86: www.ergodirekt.de – Ausgangssituation.

- **Version 1:** Statische Website. Auch hier kam rein visuelle Kommunikation (Bild/Text) zum Einsatz (Abb. 87).

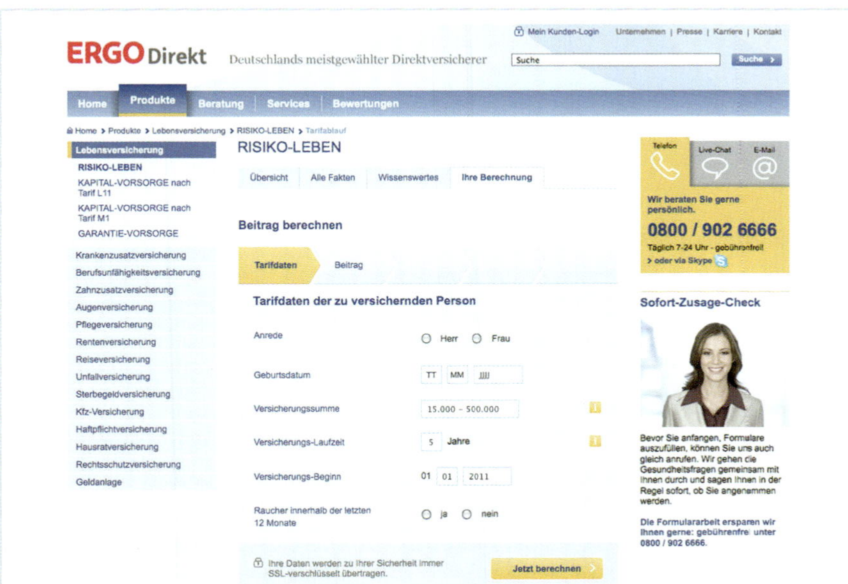

Abb. 87: www.ergodirekt.de – statische Version

- **Version 2:** Interaktives Video-Interface. In dieser Version wurde der Proband interaktiv und multisensorisch durch den Moderator über das Produkt informiert und bei der Tarifberechnung begleitet. Das bestehende statische Formular wurde in dieser Version durch einen Videodialog zwischen Moderator und Proband ersetzt. Inhalte der Info-Buttons im statischen Tarifierungsprozess wurden in den Videodialog integriert (Abb. 88). Schauen Sie sich dazu auch das Video über den QR-Code an.

Abb. 88: www.ergodirekt.de – Video-Interface.

4.2.2.6 Neuromarketing in der Onlinepraxis: Forschungsergebnisse

Das Wichtigste vorweg: Die aufgestellten Hypothesen aufgrund der Neuromarketing-Theorien wurden bestätigt.

Hier Auszüge aus der Management-Summary:

- Die multisensorische Ansprache mit dynamischen Website-Elementen ist der klassischen, statischen Website in Quantität und Qualität der Kommunikationsleistung klar überlegen.
- Der Content-Recall ist bei der multisensorischen Ansprache deutlich besser als bei den statischen Websites. Die Probanden erinnern sich signifikant besser an Produktleistungen, Produktvorteile und Preisinformationen.

- Der »Faktor Mensch«, das heißt der persönliche, interaktive Dialog per Video-Interface, erzielt bei weitem die besten Ergebnisse in der Kommunikationsleistung und in der Response- und Kaufmotivation. Spiegelneuronen und Empathie wirken online.
- Das limbische System wird in den unterschiedlichen multisensorischen Formaten (Animation, serielles Video, Video-Interface) intensiv und differenziert angesprochen.
- Und auch die Markenwerte der ERGO im Sinne von »Versichern heißt verstehen« werden vom Kunden sehr gut wahrgenommen. Produkte werden als klar und verständlich empfunden, die ERGO als ein Versicherungsunternehmen bezeichnet, das »eine Sprache spricht, die ich verstehe« und »bei der ich genau weiß, was ich bekomme«.

Die bisherigen Hypothesen und Arbeitsgrundlagen wurden durch die Studie bestätigt: Eine gut gemachte multisensorische Animation ist besser als ein zu langes, serielles Video. Denn auf Dauer wird der Nutzer beim seriellen Video zu passiv in der Wahrnehmung.

- Die starke Wirkung bei den interaktiven Video-Interfaces wirkt sowohl positiv als auch negativ. Der falsche Moderator, das falsche Outfit, die falsche Sprache – und aus Empathie wird Antipathie. Aus maximaler Aktivierung wird Abbruch.
- Gelernte Gegenstände, Bilder und Storys wirken überproportional gut. Das Storytelling entfaltet auch im E-Commerce die vom Neuromarketing herausgestellte Leistung. Dabei werden für den Kunden unangenehme Geschichten (zum Beispiel ein Skiunfall) von der menschlichen Wahrnehmung ausgeschlossen, das heißt ausgeblendet.
- Insbesondere die Spiegelneuronen eröffnen uns konzeptionell hochinteressante Möglichkeiten. Denn die Probanden reagieren exakt auf die Gestik und Mimik des Moderators im Video-Interface. Freude beim Moderator führt zu Lächeln beim Probanden. Eine Geste zum Response-Button führt zur exakt identischen Augenbewegung des Nutzers. Und das Beste: Die persönliche Ansprache des Nutzers im Video-Interface ist das Salz in der Suppe, wenn es um dynamische Websites geht.

Schauen wir uns nun einige der wichtigsten Erkenntnisse im Detail an.

4.2.2.7 Der »Faktor Mensch« setzt sich durch

Die Ergebnisse zeigen einerseits, dass die zweite Internetrevolution in multisensorischen Websites und Onlineshops münden wird. Darüber hinaus haben wir nachgewiesen, dass der »Faktor Mensch« das zentrale Werkzeug in der Anwendung von Neuromarketing-Konzepten im Internet sein wird. Denn liegen die Response- und Conversion-Ergebnisse der multisensorischen Formate schon deutlich über dem der statischen Website (Abb. 89), wird diese Differenz zwischen statischer Website und interaktiven Video-Interfaces noch einmal deutlich getoppt (Abb. 90 und 91). Die Aussage, dass der Mensch die stärkste Droge des Menschen ist, wird nachdrücklich bestätigt.

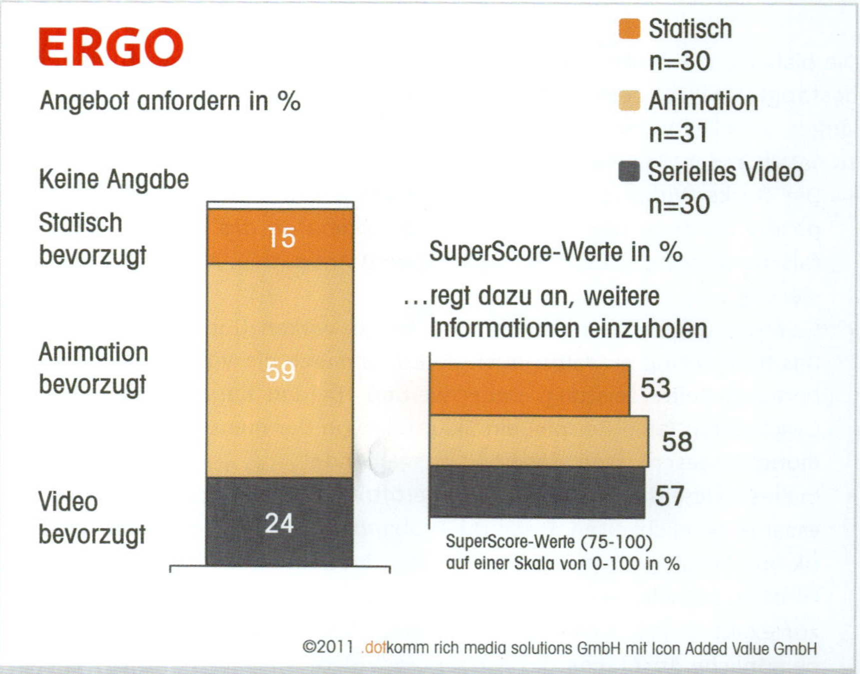

Abb. 89: Multisensorische Ansprache (Rich Media) wird bevorzugt und generiert mehr Response.

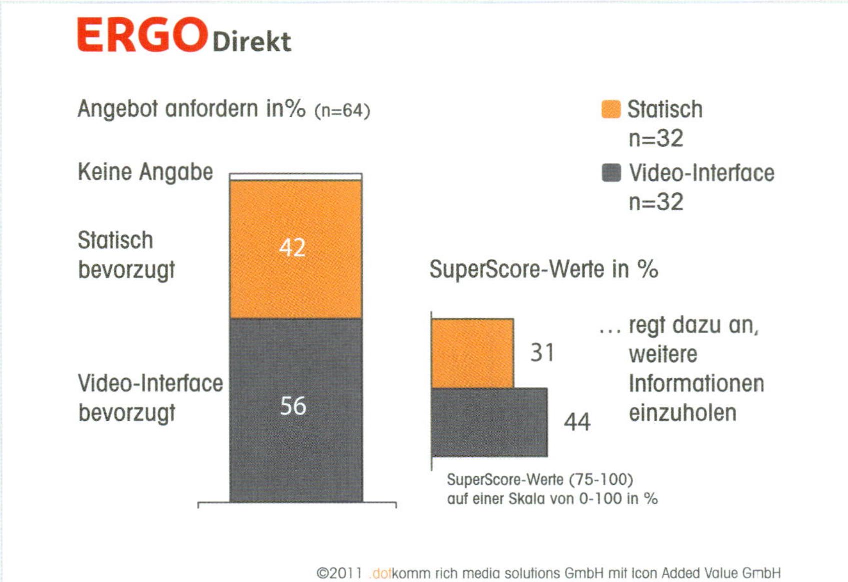

Abb. 90: Der »Faktor Mensch« wird bevorzugt und generiert die höhere Response-Rate.

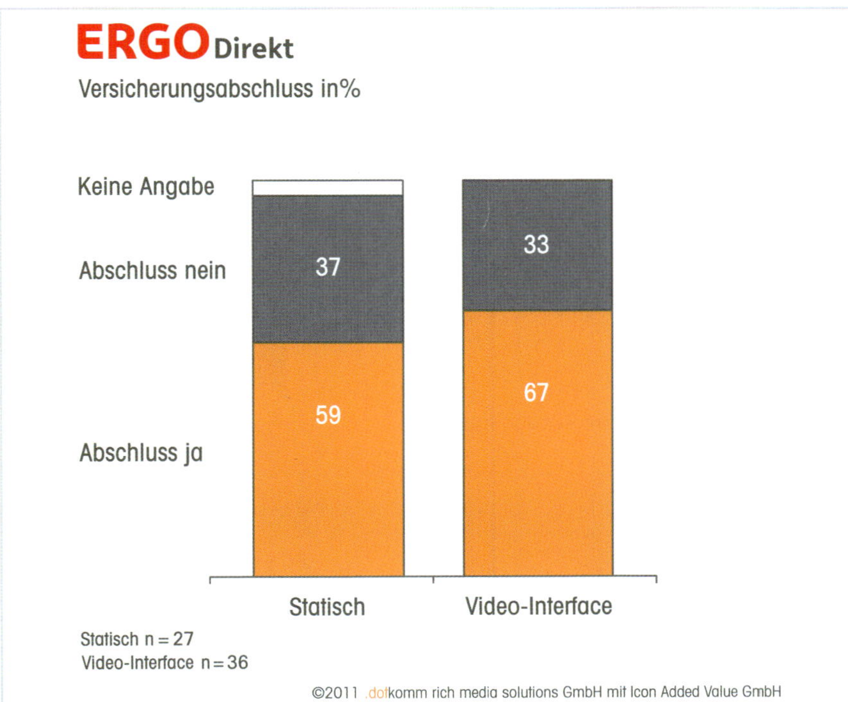

Abb. 91: Der »Faktor Mensch« sorgt für eine höhere Conversion-Rate.

Wie stark die unterbewussten Kräfte bei den Video-Interfaces wirken, zeigt sich, wenn man die Nutzer befragt, ob ihnen die Seite persönlich gefallen hat und ob sie sich direkt angesprochen fühlten. Die statischen Seiten und die seriellen Rich-Media-Formate schneiden hier besser ab als das Video-Interface. Sprich: Die Nutzer entscheiden sich rational für die statische Website oder die seriellen Rich-Media-Formate. Emotional und unterbewusst wirkt aber der »Faktor Mensch« stärker und sorgt am Ende für das bessere Response- und Conversion-Ergebnis. Eine Erfahrung, die wir häufiger machen: Befragt man die Kunden, ob sie einen interaktiven Videoberater auf der Website wünschen, ist das Ergebnis oft negativ. Setzt man ihn dann trotzdem ein, steigt die Conversion-Rate deutlich. Gegen die »Droge Mensch« kann der Mensch offensichtlich wenig ausrichten (Abb. 92).

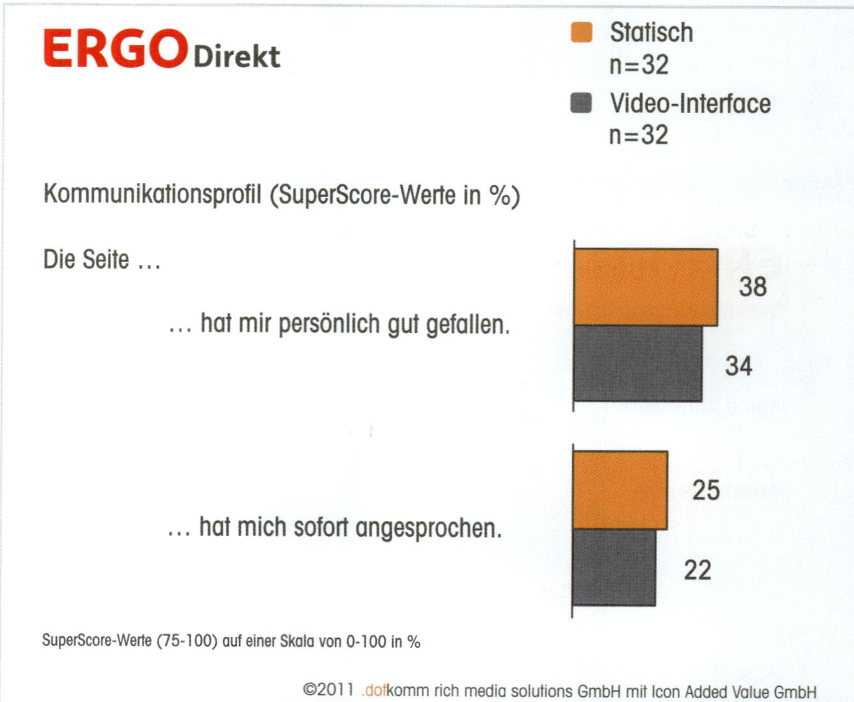

Abb. 92: Obwohl den Nutzern die statische Website rational besser gefällt, sind Response- und Conversion-Rates bei den interaktiven Video-Interfaces mit dem »Faktor Mensch« deutlich höher.

Eine zentrale Rolle bei der Ausgestaltung der multisensorischen Ansprache spielt die Auswahl der Moderatoren, das heißt der Berater und Verkäufer. Hier zeigen die Ergebnisse der Studie eine deutliche Polarisierung. Für uns ist das ein toller Beweis, wie gut das Empathiekonzept funktioniert, und dass innerhalb der ersten Sekunden eine Entscheidung für oder gegen die betreuende

Person auf der Website beziehungsweise im Onlineshop fällt. Damit erhalten auch die zukünftigen Onlinekonzepte zusätzliche Dimensionen. Denn neben dem Inhalt und der visuellen Aufbereitung spielen Casting, Outfit sowie die natürliche Ausgestaltung der Storyboards in der Rich-Media-Kommunikation eine maßgebliche Rolle. Hier wird man früher oder später auch darüber nachdenken müssen, unterschiedlichen Zielgruppen eine Auswahl von Beratern oder Verkäufern auf der Website anzubieten. Wobei wir diese Vorgehensweise nur als weiteren Schritt in Richtung »natürliche Kommunikation« sehen. Denn auch am Point of Sale sucht sich der Kunde den passenden Verkäufer aus oder entscheidet sich innerhalb von Sekunden für oder gegen die zur Verfügung stehende Person.

Zwei weitere Faktoren, die insbesondere bei den seriellen Rich-Media-Formaten eine Rolle spielen, sind die Spieldauer sowie die Steuerungsmöglichkeiten. Unsere Studie zeigt, dass die Fachabteilung nicht jedes Detail in die multisensorischen Module einbinden kann. Es muss berücksichtigt werden, dass die Aktivierung der Nutzer über die Zeit hinweg abnimmt.

Und hier müssen – gerade bei den seriellen Rich-Media-Formaten – zumindest einfache Steuerungsmechanismen (Ausschalten, Sprungmarken beziehungsweise Kapitel) angeboten werden.

4.2.2.8 Die Kommunikationsleistung

Aber gehen wir den Erfolgskriterien für die erhöhte Response und Conversion weiter auf den Grund, indem wir uns die Kommunikationsleistung der verschiedenen Formate ansehen. Hier ist, neben den unbewussten Response- und Kaufverstärkern, die wir später noch besprechen werden, die Behaltensleistung ein wesentlicher Indikator. Und auch hier sehen wir die Konzepte des Neuromarketings beziehungsweise der menschlichen Wahrnehmung vollständig bestätigt. Die Vorteile der multisensorischen Wahrnehmung lassen sich hervorragend nachweisen. Denn wenn Produktmerkmale, Vorteile und Alleinstellungsfaktoren sowie Kaufmotive optimal im Gehirn des Kunden verankert werden, steigt auch die Wahrscheinlichkeit einer positiven Kaufentscheidung. Dass dies bei der multisensorischen Onlinekommunikation eintritt, zeigen die Ergebnisse unserer Studie eindrucksvoll (Abb. 93). Im Vergleich zu den statischen Websitevarianten erzielen die Rich-Media-Formate einen massiven Anstieg bei der Behaltensleistung. Doch nicht nur die generell stärkere Kommunikationsleistung lässt sich aufgrund unserer Studie nachweisen. In der Ausprägung der Behaltensleistung der einzelnen Medienformate lassen sich auch konzeptionell sehr gute Rückschlüsse für die Aufbereitung von

Storyboards und die multimediale Umsetzung ziehen. In Abb. 94 sehen Sie beispielsweise eine Impulsspitze (Peak) beim Thema »Reha-Hilfe« in der elektrodermalen Messung (hoher Aktivierungswert beim Nutzer), der sich später bei der Messung der Behaltensleistung der Probanden eins zu eins widerspiegelt.

ERGO

Behaltensleistung in %

	Statisch	Animation	Video
Fahrdienst	33	45	60
Reha-Hilfe	27	74	67
Hilfe bei alltäglichen Situationen/ Wiedereingliederung	27	29	30
Finanzielle Absicherung bei Behandlung/ Finanzieller Ausgleich	17	19	17
Krankentagegeld	17	16	30
Einkaufsservice	13	23	33
Unfall/Autounfall	13	10	—
Schnelle Bearbeitung/ 24-Stunden-Service	13	3	3
Unfall-Rente	13	—	3
Fitness First/Jahresvertrag Fitness	10	26	23
Basis-Schutz	3	10	30
Wäscheservice	—	23	23
Transport ins Krankenhaus/ Erste Hilfe	—	13	10
Keine Angabe	13	3	3

zuerst gesehener Stimulus: ERGO: Statisch n=30, Animation n=31, Video n=30

©2011 .dotkomm rich media solutions GmbH mit Icon Added Value GmbH

Abb. 93: Durch die multisensorische Kommunikation werden die Vorteile und Leistungen des Produkts wesentlich besser im Gehirn des Nutzers verankert.

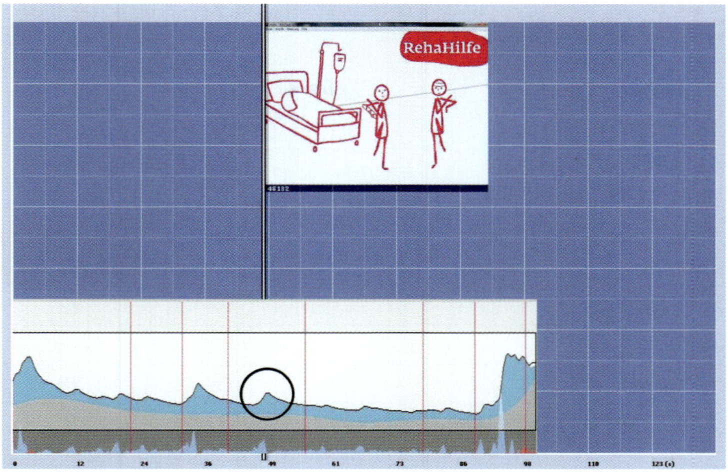

Abb. 94: Die elektrodermale Aufzeichnung zeigt einen Aktivierungspeak beim Thema »Reha-Hilfe«, der sich später bei der Abfrage zur Behaltensleistung exakt in einem hohen Wert widerspiegelt.

Dass die Kommunikationsleistung unmittelbaren Einfluss auf die Response- und Conversion-Rate hat, liegt auf der Hand. Wenn 34 Prozent der Probanden nach der Nutzung der statischen Website keine Angabe zu den Gründen für den Abschluss einer Risikolebensversicherung machen können, dann ist die Kaufwahrscheinlichkeit natürlich entsprechend niedrig. Auf der anderen Seite wissen 75 Prozent der Nutzer nach dem interaktiven Dialog im Video-Interface, dass die Risikolebensversicherung zur Absicherung der Familie beziehungsweise von Verwandten unabdingbar ist. Schauen Sie sich dazu auch das Video über den QR-Code an.

4.2.2.9 Die Behaltensleistung

Dass nicht nur die Behaltensleistung, sondern damit einhergehend auch die Kaufmotivation durch den Einsatz von multisensorischen Formaten steigt, zeigt die kombinierte Auswertung von Eye-Tracking und neurodermaler Messung. Auch hier triumphiert das interaktive Video-Interface gegenüber den seriellen Multimediaformaten. Der »Faktor Mensch« mit dem natürlichen, interaktiven Dialog siegt (Abb. 95).

ERGO Direkt

	Statisch	Video-Interface
	n=32	n=32

Behaltensleistung in %

	Statisch	Video-Interface
zur Absicherung der Familie / Verwandten	44	75
Todesfallleistung	13	22
günstig	9	–
Kredite absichern	6	28
Schadensfälle allgemein	6	3
Keine Angaben	34	3

©2011 .dotkomm rich media solutions GmbH mit Icon Added Value GmbH

Abb. 95: Der »Faktor Mensch« sorgt für maximale Wahrnehmung von Produktmerkmalen und Kaufmotiven.

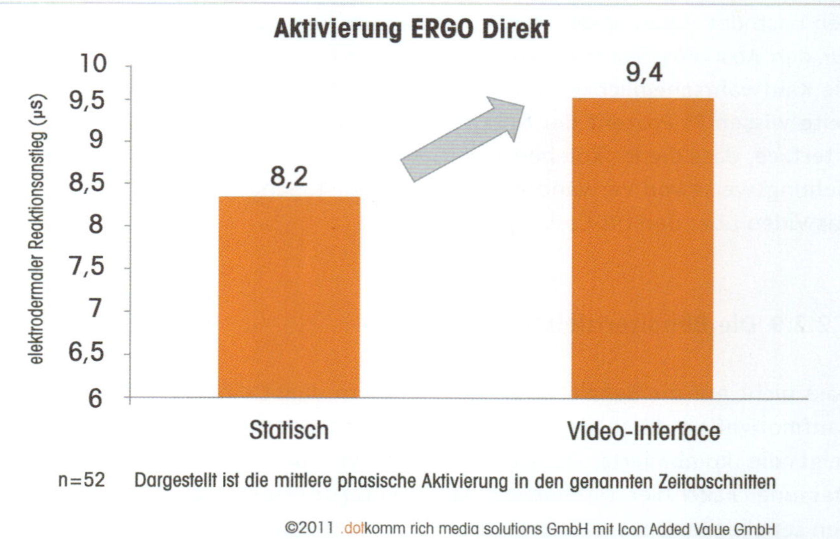

Abb. 96: Persönlicher, interaktiver Dialog schlägt die statische Website in puncto Aktivierung.

Dabei zeigt sich auch ein wichtiger Unterschied zu den seriellen Multimediaformaten. Durch die direkte Ansprache des Kunden sowie die interaktive Einbindung in den Dialog entsteht ein wesentlich lebendigeres Aktivierungsprofil. Wir haben in den Abb. 97 und 98 einmal einen Vergleich für Sie dargestellt, aus dem Sie sehr deutlich das aktivere Profil des interaktiven Video-Interfaces sehen können. Wichtig dabei sind die Peaks, die wir in beiden Profilen erkennen können. Diese sind beim seriellen Video schwach ausgeprägt und selten. Beim interaktiven Video-Interface entstehen diese Peaks in deutlich engerer Taktung und mit stärkeren Amplituden. Dadurch wird der Kunde viel nachdrücklicher im Thema gefesselt und zur Handlung motiviert.

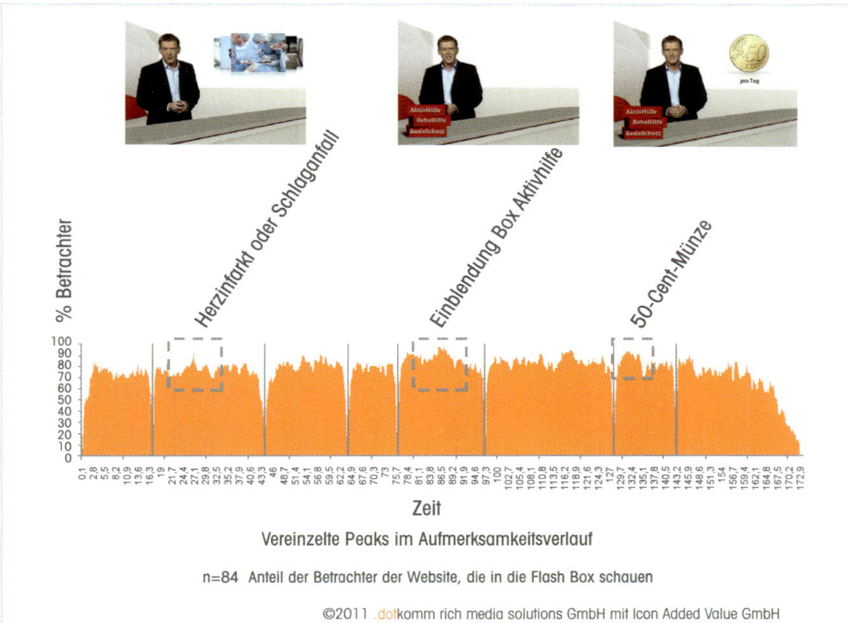

Abb. 97: Aktivierungsprofil des seriellen Videos mit drei wesentlichen Peaks.

Erstaunlich sind auch die Details in den Profilen. Konzeptionell lässt sich in beiden Medienformaten beispielsweise erkennen, wie gut der Recall, also der Wiederaufruf von bereits verarbeiteten Erlebnissen oder Informationen bei gelernten Symbolen oder Bildsequenzen funktioniert. Ob die 50-Cent-Münze im seriellen Video oder das Warentest-Logo im interaktiven Video-Interface – in beiden Fällen entsteht ein Aktivierungspeak beim Kunden.

Auch die Eye-Tracking-Analyse bestätigt die Wirksamkeit des Recalls. So sehen wir in Abb. 99, dass die Einblendung eines Finanztest-Siegels fast hundertprozentig von den Kunden aktiv wahrgenommen wird. Und noch etwas wirkt in der Aktivierung perfekt: die Spiegelneuronen. Denn aktive Gesten des Moderators werden vom Kunden eins zu eins und unmittelbar nachvollzogen. In Abb. 100 sehen Sie eine Heatmap, die sehr deutlich darstellt, dass

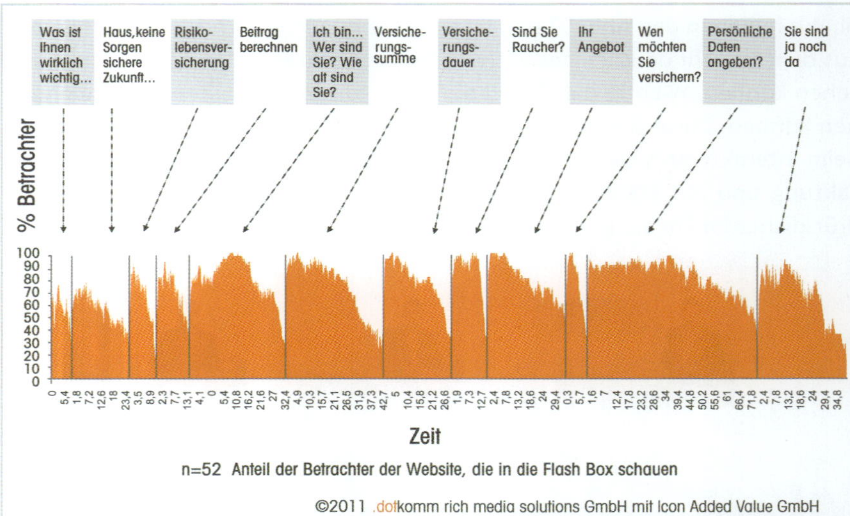

Abb. 98: Lebendigeres Aktivierungsprofil des Video-Interfaces mit starken Peaks bei der direkten Ansprache des Kunden, bei Zeigegesten sowie bei Handlungsaufforderungen.

die Aufmerksamkeit des Kunden vollständig im Gesicht des Moderators sowie bei seinen Gesten ist, hier beim Hinweis und beim Zeigen auf einen Response-Button. An diesem Punkt kommen wir in der Internetkommunikation schon sehr nah an das reale Beratungs- und Verkaufsgespräch heran. Dies führt nicht nur zu höherer Behaltensleistung, sondern auch zu konkreten Impulshandlungen und Kaufentscheidungen: ein Grund für die verbesserten Response- und Conversion-Rates der interaktiven Video-Interfaces.

Abb. 99: Aktivierungspeak und Augenfokus bei gelernten Bildern und Geschichten, hier am Beispiel des Finanztest-Siegels, das von fast 100 Prozent der Kunden erfasst wird.

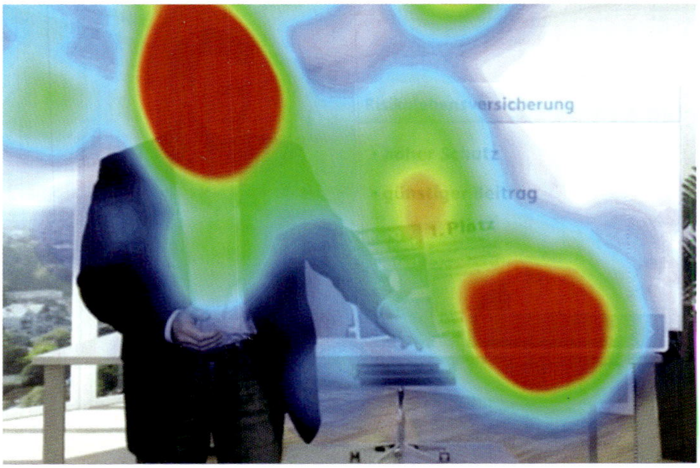

Abb. 100: Spiegelneuronen im Einsatz: Die Geste des Moderators mit dem Hinweis auf den Response-Button wird durch die Probanden unmittelbar nachvollzogen.

Und auch, was die vermittelten Gefühle angeht, folgen die Probanden dem Moderator im Video und im Video-Interface (Abb. 101): Wenn er sich freut, dann sehen wir auch das Lächeln im Gesicht der Probanden – ein Idealzustand für den Aufbau von Empathie und entsprechendem Schulterschluss zwischen der »Website« und dem Kunden. Schauen Sie sich dazu auch das Video über den QR-Code an.

Abb. 101: Spiegelneuronen und Empathie: Wenn sich der Moderator freut, freuen sich auch die Kunden.

Bei der statischen Website hingegen haben die Probanden einen suchenden Blick und sind gelangweilt (Abb. 102). Schauen Sie sich dazu auch das Video über den QR-Code an.

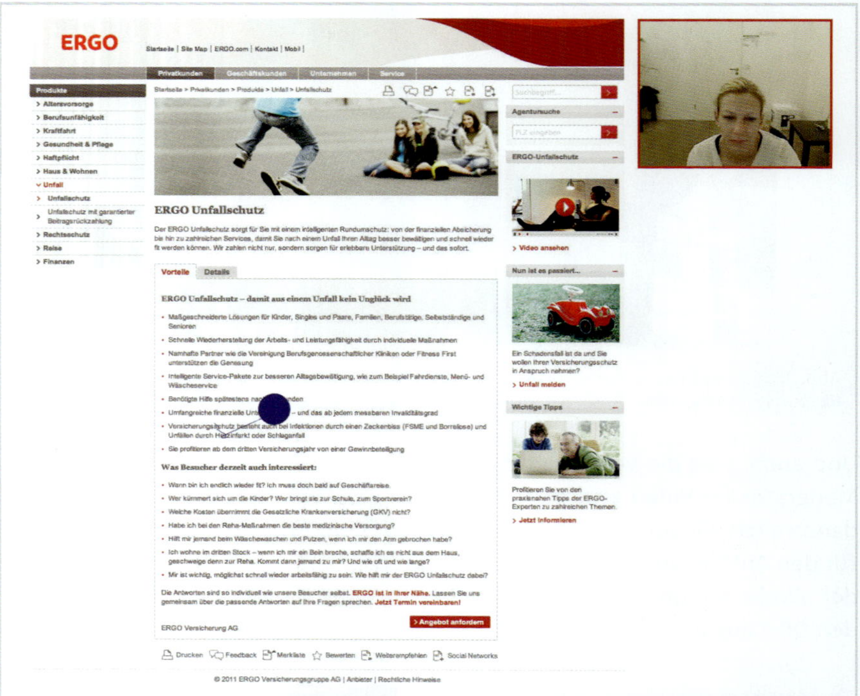

Abb. 102: Bei der statischen Version werden keine Spiegelneuronen aktiviert: Die Probandin langweilt sich.

4.2.2.10 Gefühlsdimensionen

Wir können mit den bisherigen Ergebnissen nachweisen, dass die Neuromarketing-Aspekte im Internet hervorragend funktionieren. Dabei entstehen nicht nur lebendigere Aktivierungsprofile, die zu besserer Wahrnehmung und Behaltensleistung führen. Und es wirken nicht nur die Spiegelneuronen im Sinne von Empathie und Handlungsimpulsen. Auch das limbische System wird mit den notwendigen Reizen ausgestattet. Die richtigen Motive werden angesprochen. Die Abb. 103 und 104 zeigen die deutlich stärkere Aktivierung der wichtigen Gefühlsdimensionen beim Versicherungskauf. Motive wie Fürsorge und Sicherheit, Gemeinschaftsgefühl und Optimismus sowie Freiheit und Lebensfreude werden deutlich überproportional adressiert. Mithilfe der durchgeführten Studien lassen sich die einzelnen Gefühlsdimensionen für den praktischen Einsatz sehr gut feinabstimmen. So ist es uns auch bei den prototypischen Umsetzungen für die Studie gelungen, Dimensionen wie Unsicherheit deutlich gegenüber dem statischen Content zu reduzieren. Durch die optimierte Steuerung und Länge der seriellen Rich-Media-Formate können wir darüber hinaus dazu beitragen, die noch bestehenden leichten Ausschläge in Richtung Langeweile und Stress zu beseitigen.

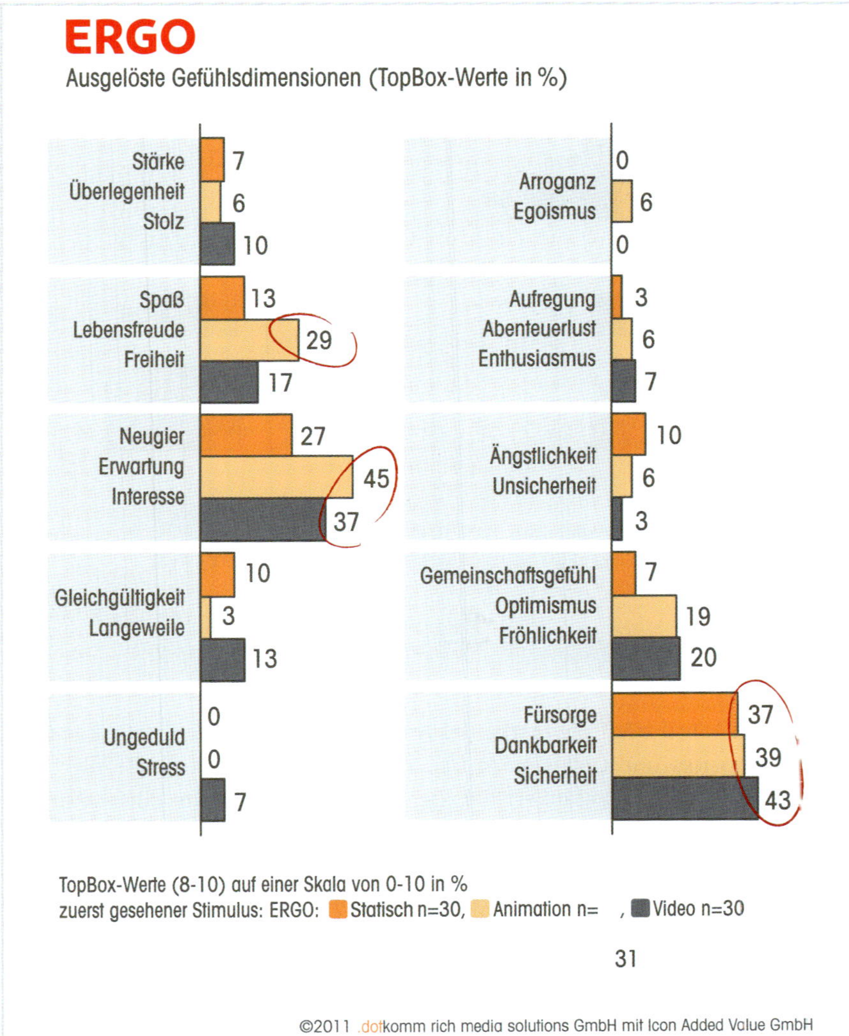

Abb. 103: Gefühlsdimensionen des limbischen Systems werden durch multisensorische Formate deutlich besser angesprochen und bedient. Dies gilt sowohl für die seriellen Formate …

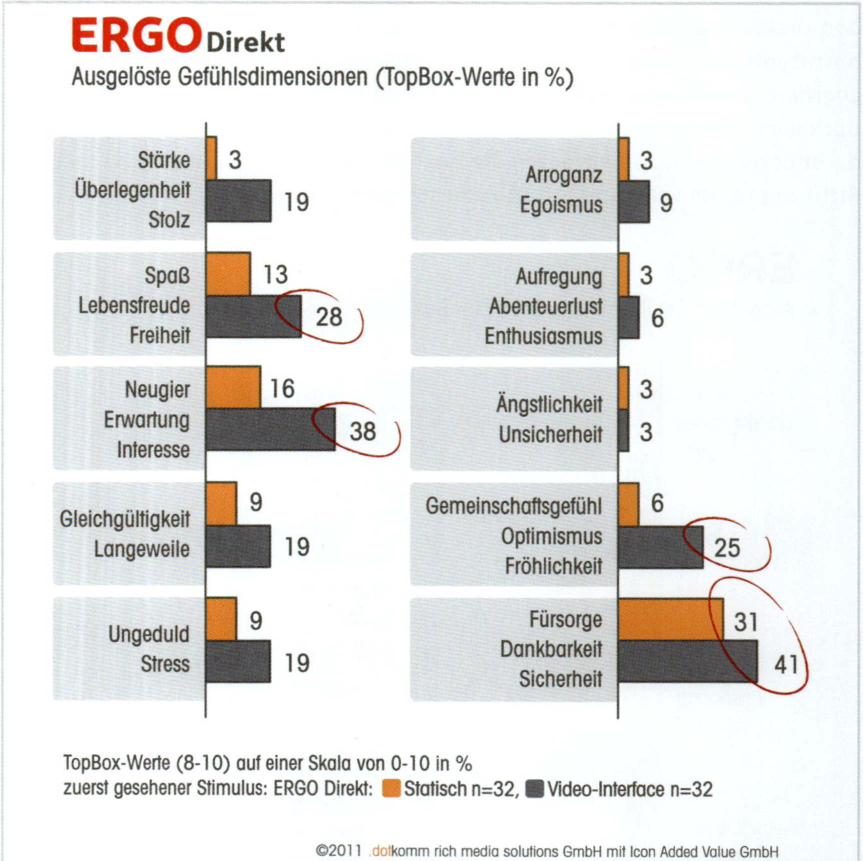

Abb. 104: … als auch für die interaktiven Video-Interfaces.

Selbstverständlich trägt die Marke des Anbieters stark zu den Erfolgskennzahlen von Websites und Onlineshops bei. Wer seine Marke gut positioniert und im Gehirn des Kunden verankert hat, der wird auf der Website diese Attribute schneller reaktivieren und in Kaufmotivation umsetzen können. Die ERGO Versicherungsgruppe hat mit der breit angelegten Kampagne »Versichern heißt verstehen« neue Maßstäbe in der Versicherungswirtschaft gesetzt und den Claim – ganz im Sinne des neuen Markenbildes – in eine Strategie umgesetzt, die alle Unternehmensbereiche erfasst. Insofern gilt es für die Websites www.ergo.de und www.ergo-direkt.de, diese Markenwerte optimal zu aktivieren.

Unsere Studie hat gezeigt, dass die Markenwerte eines Unternehmens durch den multisensorischen und interaktiven Dialog mit den Kunden aktiv gelebt werden können. Besonders plastisch wird dieser Effekt in den Bereichen »vertrauenswürdig« (von 22 auf 44 Prozent SuperScore-Werte), »eine

Versicherung, bei der ich genau weiß, was ich bekomme« (von 34 auf 47 Prozent) sowie »eine Versicherung, die versteht, was für mich wichtig ist« (von 6 auf 31 Prozent).

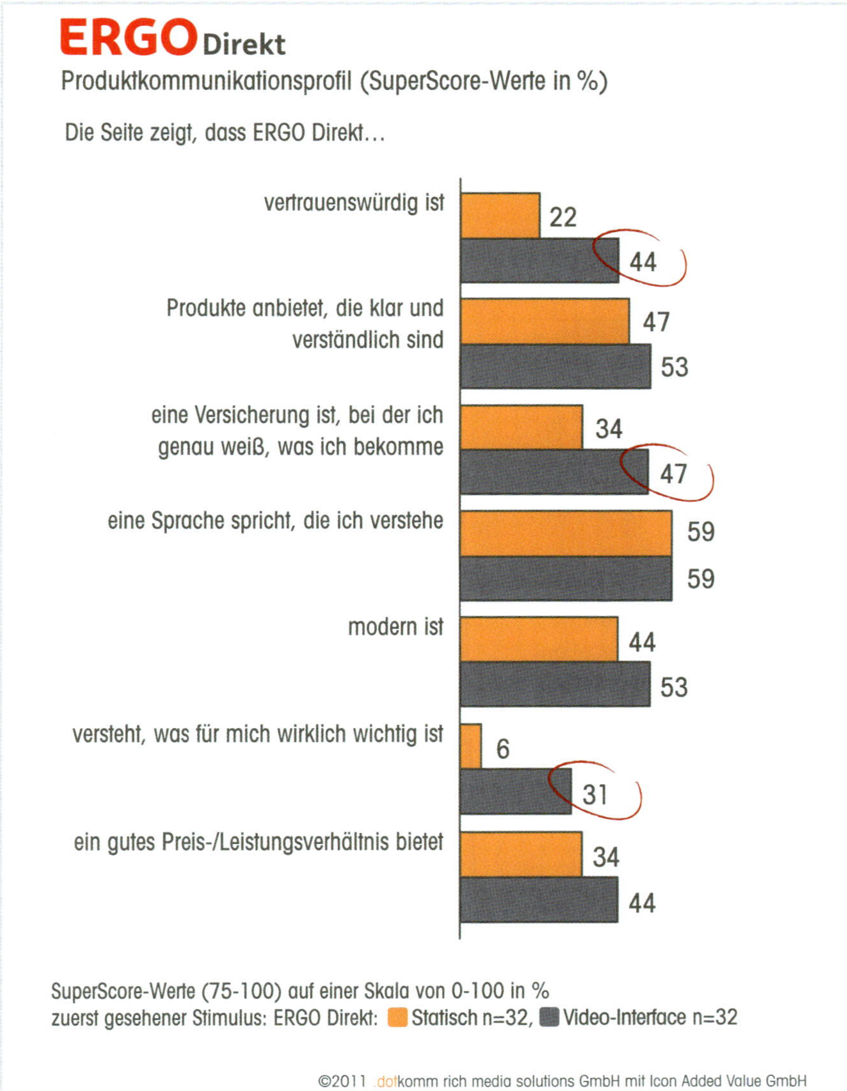

Abb. 105: Wichtige Aussagen im Sinne der Marke ERGO werden durch den multisensorischen und interaktiven Dialog mit dem Kunden verstärkt.

Aber schauen wir uns die Dinge einmal im Detail an und lassen wir die Nutzer die verschiedenen Ausgestaltungen der Websites – nach der vollständigen neuronalen Wirkung – qualitativ bewerten (Abb. 106).

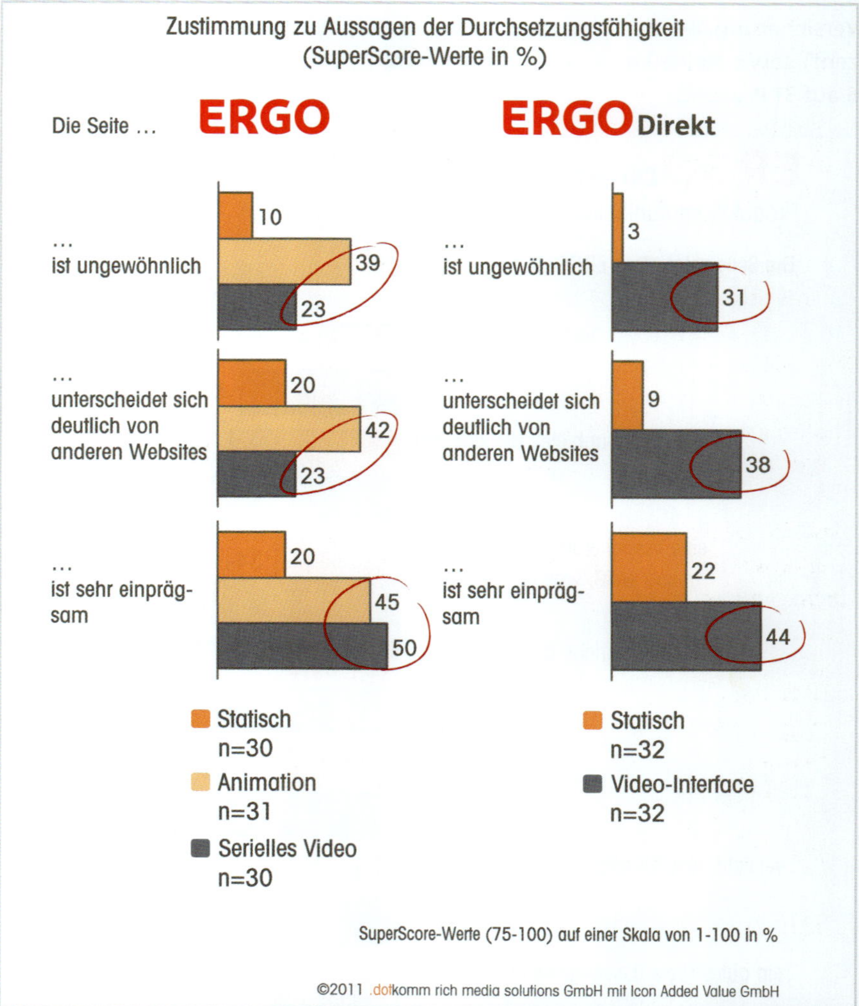

Abb. 106: Multisensorische Onlinekommunikation eröffnet aktuell noch deutliche Differenzierungsmerkmale.

Durch den Einsatz von multisensorischen Rich-Media-Formaten lassen sich wirkungsvolle Alleinstellungsmerkmale realisieren. In Kombination mit den Konzepten aus dem Neuromarketing entstehen langfristig die Websites und Onlineshops der Zukunft.

4.2.3 Du oder Sie? Wie spreche ich meinen Kunden richtig an? Die Raiffeisenbank Niederösterreich-Wien macht es richtig

Gerade im Banken- und Versicherungsbereich passiert gerade unheimlich viel. Neue Player sind auf dem Markt und brechen mit den gewohnten Konventionen. Die Disruption der althergebrachten Geschäftsmodelle durch die Insurtec und FinTech Start-ups bringen noch etwas anderes mit: eine neue Art der Kundenansprache. Aus dem gewohnten »Sie« wird ein »Du«. Das passt zur gewünschten Zielgruppe der Start-ups.

Aber wie sollen die traditionellen Unternehmen damit umgehen? Einerseits zeigt sich, dass eine persönliche Kommunikation auf Augenhöhe von vielen Kunden gewünscht ist. Für andere Kunden ist vielleicht gerade das »Sie« ein Garant für Seriosität und bringen es somit in Verbindung mit Vertrauen.

Wie also auf die Kommunikationsbedürfnisse der Kunden eingehen und allen gerecht werden? Die Antwort darauf ist ganz einfach: dem Kunden die Entscheidung überlassen!

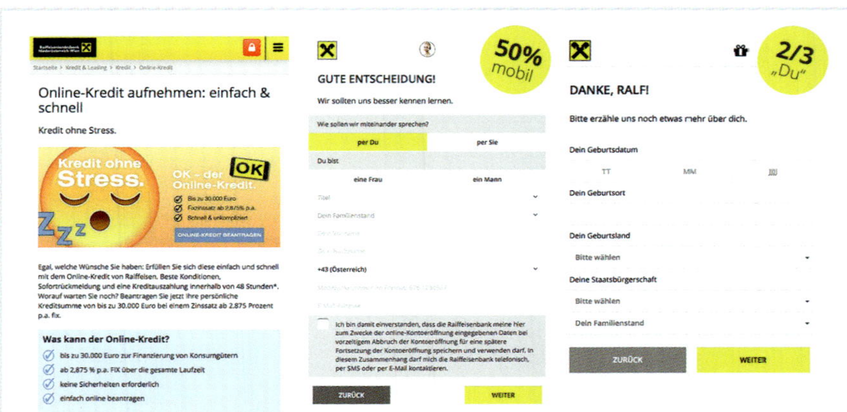

Abb. 107: Screenshot der Online-Kredits der Raiffeisenbank Niederösterreich-Wien.

Die Abb. 107 zeigt es: Der Kunde entscheidet, wie er von der Bank angesprochen werden möchte. Ein einfacher Klick auf »per Du« und der gesamte Antragsprozess wird angepasst.

Warum das so genial ist? Die Kommunikation auf Augenhöhe beziehungsweise in der gewünschten Form, und die Tatsache, dass darüber vom Kunden selbst entschieden wird, sorgen unterbewusst für ein Wohlgefühl und lenken die finale Entscheidung in die gewünschte Richtung: den Online-Abschluss.

Der Erfolg gibt uns recht. Werden Kunden bewusst gefragt, wie sie angesprochen werden möchten, antwortet der Großteil mit »Sie«. Haben die Kunden aber die Wahl, entscheiden sich zwei Drittel für die Du-Ansprache!

5 Neuromarketing in den Social Networks

Neben den klassischen Websites und Apps spielen die Social Media Networks eine immer wichtigere Rolle im Marketing sowie im Vertrieb der Unternehmen. Die Entwicklung ist rasant. Dabei ist die mobile Nutzung des Internets eng mit den Social Networks verbunden, nutzen doch die meisten User die sozialen Plattformen über das Smartphone. Facebook hat sich schneller verbreitet als jede andere Plattform (Abb. 108). Und auch wenn das Wachstum von Facebook erste Ermüdungserscheinungen aufzeigt und die junge Generation sich neuen Networks wie Instagram oder Snapchat zuwendet, die Social Networks haben, gemeinsam mit Google, inzwischen einen riesigen Anteil am Medienkonsum der Menschen und an den Werbespendings der Unternehmen. Dabei spielen die beiden Konzerne die Werbung inzwischen nicht nur in den eigenen Plattformen aus, sondern steuern die Werbung auf unzähligen Websites und Portalen. Der Schlüssel dazu sind die umfassenden Targeting-Möglichkeiten, die Google und Facebook in ihren Werbenetzwerken bieten.

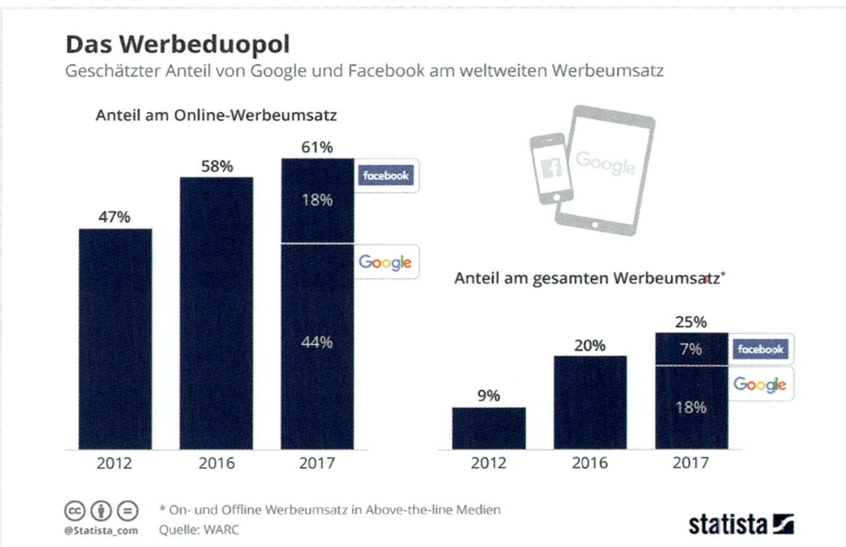

Abb. 108: Google und Facebook haben inzwischen gut zwei Drittel des weltweiten Online-Werbeumsatzes gebündelt und erhöhen auch ihren Anteil am Gesamt-Werbeetat kontinuierlich.

Die Medienlandschaft wird in den nächsten Jahren weiter massiv umgekrempelt. Die Nutzung von Streaming-Diensten wie Netflix oder Amazon Prime tangiert zum Beispiel die TV-Industrie genauso massiv wie die parallele Nutzung von Smartphone und Tablet während des TV-Konsums – geht doch durch das

Stöbern in Shops und Social Networks während des Fernsehens die Wirkung von TV-Spots deutlich zurück.

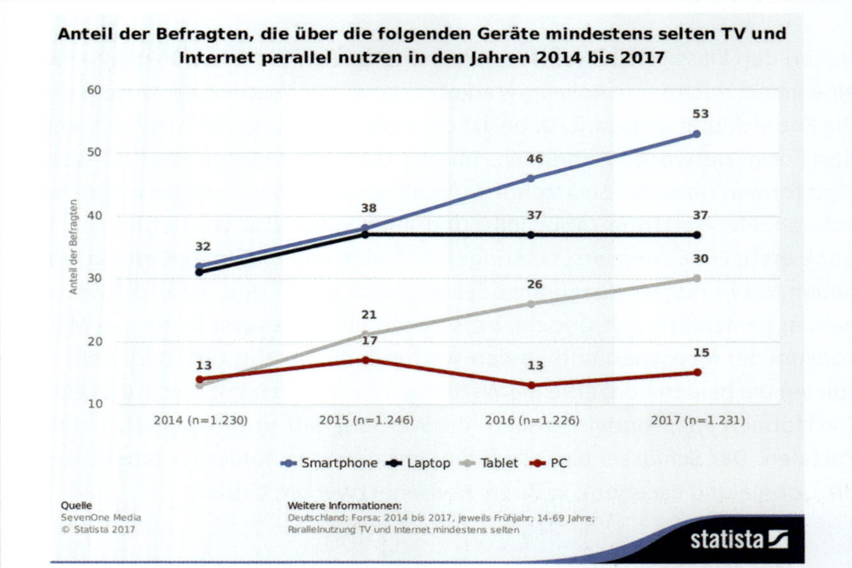

Abb. 109: Schwere Zeiten für das Leitmedium TV. Nicht nur Streaming-Dienste erobern Marktanteile. Auch die Aufmerksamkeit für TV-Inhalte & -Werbung wird durch parallele Internet-Nutzung reduziert.

Die Sättigung der Social Networks durch Werbung führt aber inzwischen durchaus zu einer kleinen Gegenbewegung der Nutzer. Einige entscheiden sich für den Ausstieg, andere verlieren die Motivation zur Nutzung oder suchen sich neue, kleinere Netzwerke. Und das hat viel mit Neuromarketing zu tun. Denn das rasante Wachstum der Social Networks wurde durch authentischen Content aus einer Bezugsgruppe ausgelöst. Der Hype entstand dadurch, dass Menschen Emotionen mit ihrem sozialen Netzwerk teilen können und damit Reaktionen auslösen. Wie wichtig das aus Neuromarketing-Sicht ist, werden wir im nächsten Kapitel zeigen. Eine Übersättigung der Netzwerke mit Werbung steht dieser unbewussten emotionalen Aktivierung der Nutzer irgendwann im Wege – genauso wie die Übersättigung mit geteilten Inhalten aus anderen Medien (TV, YouTube, Zeitungen etc.). Denn diese Inhalte sind es nicht, die für das Wachstum der Social Networks gesorgt haben. Es waren die Nutzer mit ihren realen Fotos und Videos vom Urlaub, von der Hochzeit, vom neuen Freund, vom neuen Auto und vom Gipsbein, die die Begeisterung und die soziale Interaktion ausgelöst haben. Facebook hat bereits auf die Entwicklung reagiert und Maßnahmen angekündigt, die Ausspielung von »Nicht User Generiertem Content« einzudämmen. Aktuell stimmt die Entwicklungskurve noch, was die täglich aktiven Nutzer angeht. Aber dabei ist natürlich zu berücksichtigen, dass täglich immer noch viele neue User gewonnen werden.

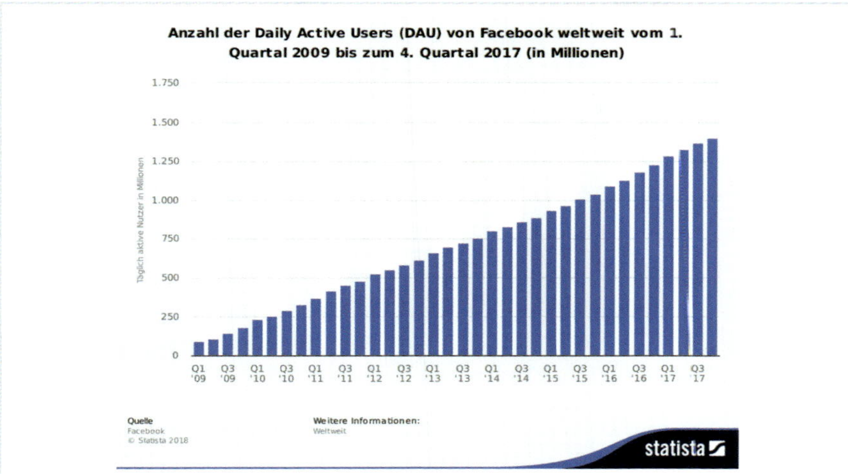

Abb. 110: Noch steigt die Kurve der täglich aktiven Nutzer bei Facebook. Der Mix aus realem Content der User, Werbung und geteilten Inhalten aus anderen Medienkanälen wird entscheiden, ob es so bleibt.

Die Herausforderung der Social Networks wird es in den nächsten Jahren sein, die Mischung zwischen realem User Generated Content, Werbung und geteilten Medieninhalten aus anderen Kanälen in einem gesunden Verhältnis zu halten. Warum der User Generated Content aus Neuromarketing-Sicht so wichtig für die Social Networks ist, wird im nächsten Kapitel deutlich. Denn die Social Networks erfüllen ein wichtiges Grundbedürfnis des Menschen: das Bedürfnis nach sozialer Interaktion.

5.1 Grüße aus dem Genpool: Warum Social Media wichtige Grundbedürfnisse des Menschen erfüllen

Der Mensch ist ein soziales Wesen, ein Herdentier sozusagen. Das bedeutet, dass er neben den vitalen Bedürfnissen wie Nahrung und Schlaf einen programmierten Drang zu sozialer Beziehung hat. Schon in der Maslow'schen Bedürfnispyramide aus dem Jahr 1943 wurden die sozialen Bedürfnisse direkt nach den physiologischen Bedürfnissen und dem Sicherheitsbedürfnis eingeordnet. Sie rangieren also weit vor dem Haus, dem Porsche und der Designerjeans (Abb. 111).

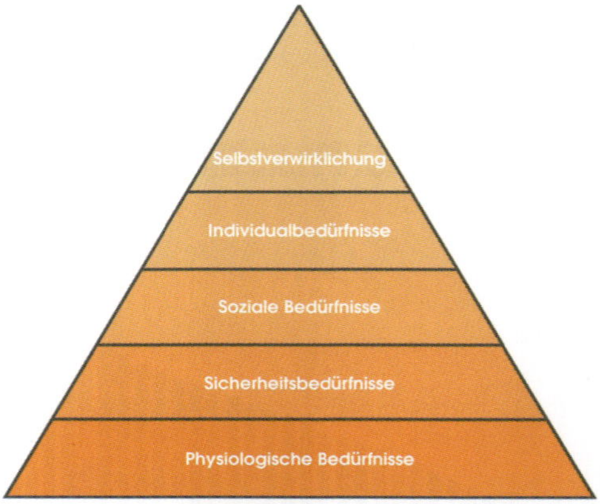

Abb. 111: Soziale Interaktion ist elementarer Bestandteil unserer Bedürfnispyramide. Die Social Networks sorgen hier für »Belohnung« im Sekundentakt.

Und genau hier entfalten die Social Networks ihre Kraft. Sie erfüllen das Grundbedürfnis nach sozialer Interaktion. Mit jedem neuen Freund, mit jedem »Gefällt mir« und mit jedem Kommentar feuert das Netzwerk emotionale Belohnung in das Gehirn des Nutzers. Hier entsteht das »Suchtpotenzial« von Facebook & Co. Und darin liegt der Grund, warum wir heute vor dem Zähneputzen und vor dem Lesen der Tageszeitung in Facebook oder Instagram sind. Ohne es zu merken, fühlen sich die Nutzer der sozialen Netzwerke gut, wenn ihr Video bei YouTube 2500 Mal aufgerufen wurde, wenn zehn Freunde »Gefällt mir« geklickt oder 38 Leute einen Kommentar zum neuesten Urlaubsfoto geschrieben haben (Abb. 112). Social Networks sind Neuromarketing par excellence.

Abb. 112: Balsam fürs Gehirn. Jedes »Gefällt mir« und jeder Kommentar vermitteln ein gutes Gefühl und bestätigen den Nutzern, dass sie im sozialen Umfeld wahrgenommen werden. Daher ist es nur konsequent, dass es keinen »Gefällt-mir-nicht«-Button gibt: ein perfekter Schachzug von Facebook.

Probieren Sie es einmal selbst aus, wenn Sie in den sozialen Netzwerken unterwegs sind. Spüren Sie in sich hinein und beobachten Sie aktiv, wie Sie auf Feedback reagieren und warum Sie sich wann im Social Network einloggen. Mit dem Bewusstsein um die Informationen, die Sie in diesem Buch erhalten haben, werden Sie die Belohnung der Social Networks »am eigenen Leib« erfahren können.

5.2 Eldorado der Motive, oder: Warum die Social Networks eine Spielwiese der Limbic® Types sind

Im Kapitel über die wichtigsten Neuromarketing-Konzepte haben wir uns mit den Limbic® Types auseinandergesetzt und erfahren, wie wichtig die Ansprache der Werte und Motive des Kunden ist. Die sozialen Netzwerke sind in diesem Bereich ein wahres Eldorado.

Zum Beispiel für Frank, einem erfolgreichen Unternehmer mit klarem Dominanzprofil in der Lymbic® Map. Die sozialen Netzwerke geben Frank die Möglichkeit, seine Motivwelt optimal auszuleben. Im Titelbild auf Facebook zeigt er seinen Porsche. Regelmäßig checkt er in den Top-Locations ein, um seinen Status zu unterstreichen. Und auch die Fotos seines letzten Urlaubs in Kitzbühel wurden oft kommentiert und mit Likes versehen. Frank selbst hat die Facebook-Pages von Weber® Grills, Berlin-Marathon (er war von 10.000 Männern im letzten Jahr 45. und hat das Zielfoto direkt online gestellt) und Playboy gelikt.

Sylvias Facebook-Profil ziert eine Blumenwiese, die sie beim letzten Toskana-Urlaub fotografiert hat. Sie hat unter anderem die Seiten des *Yoga Journal* und »Ich liebe Hunde« gelikt. Ihre letzten Postings waren der Aperol Spritz in ihrer Lieblingsbar, der wunderbar in der Sonne glitzerte, sowie ihr neues Paar Schuhe, das sie noch im Schaufenster fotografiert hat, um es auf Instagram zu posten und zu fragen, ob sie es kaufen soll oder nicht. Die Social Networks geben Sylvia die Möglichkeit, ihr Stimulanzprofil voll und ganz auszuleben.

Und das Tolle dabei: Selbst wenn Sylvia – durch äußere Einflüsse, Umfeld, Job und Ähnliches begründet – im wahren Leben viele ihrer innersten Motive unterdrückt, kann sie im Social Network so sein, wie sie wirklich sein möchte.

Die beiden Beispiele zeigen, dass die Social Networks den Nutzern die optimale Plattform zum Ausleben ihrer jeweiligen Werte- und Motivwelten geben. Hier wird, zum großen Teil unbewusst, das Innerste nach außen gekehrt. Es passiert also genau das, was wir im Neuromarketing mit aufwendigen Apparaturen und Laborsets untersuchen. Und genau hier entsteht riesiges Potenzial für das (Online-) Marketing.

5.3 Wer braucht Google und die Gelben Seiten? – Warum die Bezugsgruppen der Social Networks das Leben der Nutzer einfacher machen

Wir hatten bereits in einem der vorherigen Kapitel unserer Begeisterung für Don Peppers Bibel »The One to One Future« aus den 1990er-Jahren Ausdruck verliehen. Don Peppers prophezeite das Ende des Massenmarketings und des Broadcastings. Marketingbotschaften sollten eins zu eins auf den jeweiligen Nutzer zugeschnitten sein, Produkte sollten für den Käufer *customized* sein, und die Informationen und Nachrichten sollten sich danach nur auf die Interessenlage des Empfängers ausrichten. Erst jetzt, 20 Jahre später, werden seine Szenarien Wirklichkeit. Erst jetzt können wir per Video on Demand und Streaming-Dienst entscheiden, was wir wann sehen wollen. Erst jetzt steht die Technologie zur Verfügung, um das individuelle Paar Sneaker per 3D-Drucker im Geschäft zu drucken. Und erst jetzt kann ich meine Musik auf Spotify per Machine Learning exakt auf meinen Musikgeschmack ausrichten. Das alles sind tolle Entwicklungen.

Anders sieht es aus, wenn ich eine Information suche oder ein Produkt. Der Markt der Versicherungen ist für den normalen Konsumenten immer noch nicht zu durchschauen. Den besten Handwerker aus dem Gros der Suchergebnisse herauszusuchen, ist schier unmöglich. Die Menge an fingierten Testberichten und bezahlten Links in den Suchergebnissen erschwert das Vorhaben noch zusätzlich.

Immer mehr Nutzer entscheiden sich deshalb dazu, ihr digitales Netzwerk zu fragen. Welchen Fernseher soll ich kaufen? Steht mir diese Bluse? Wer kennt einen guten Hausarzt? Kann mir jemand ein gutes Hotel in Berlin empfehlen? Soll ich das wirklich machen? All diese Fragen werden heute im sozialen Netzwerk gestellt. Und zurück kommen Antworten aus einer Bezugsgruppe, das heißt einer Gruppe, die grundlegende Motive und Werte mit dem jeweiligen Nutzer teilt.

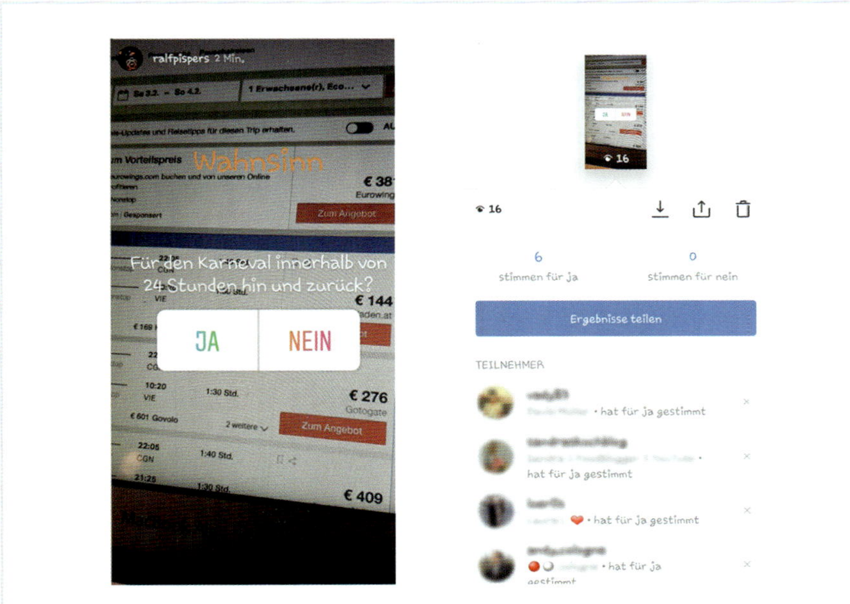

Abb. 113: Rat und Hilfe aus dem sozialen Netzwerk. Auch die Autoren holen sich Meinungen und Hilfe aus ihrem »Freundeskreis«. Die Social Networks verfügen damit über ein sehr starkes Alleinstellungsmerkmal gegenüber den Suchmaschinen.

Damit verfügen die sozialen Netzwerke über ein starkes Alleinstellungsmerkmal gegenüber den Suchmaschinen und allen anderen Medien. Der wesentliche Faktor: Den Empfehlungen und Meinungen aus der digitalen Bezugsgruppe der Social Networks wird mehr vertraut als der klassischen Werbung (Abb. 114). Und damit kommt der Nutzer schneller zur Lösung. Die Social Networks haben das Potenzial, die klassische Suchmaschine sowie das klassische Marketing wesentlich, wenn nicht sogar grundsätzlich, zu beeinflussen. Denn natürlich spielen die Social Networks – passend zu den Fragen der Nutzer – die passenden Werbemittel aus. Und das nicht nur in den Netzwerken selbst, sondern auch auf den Websites, die der Nutzer besucht.

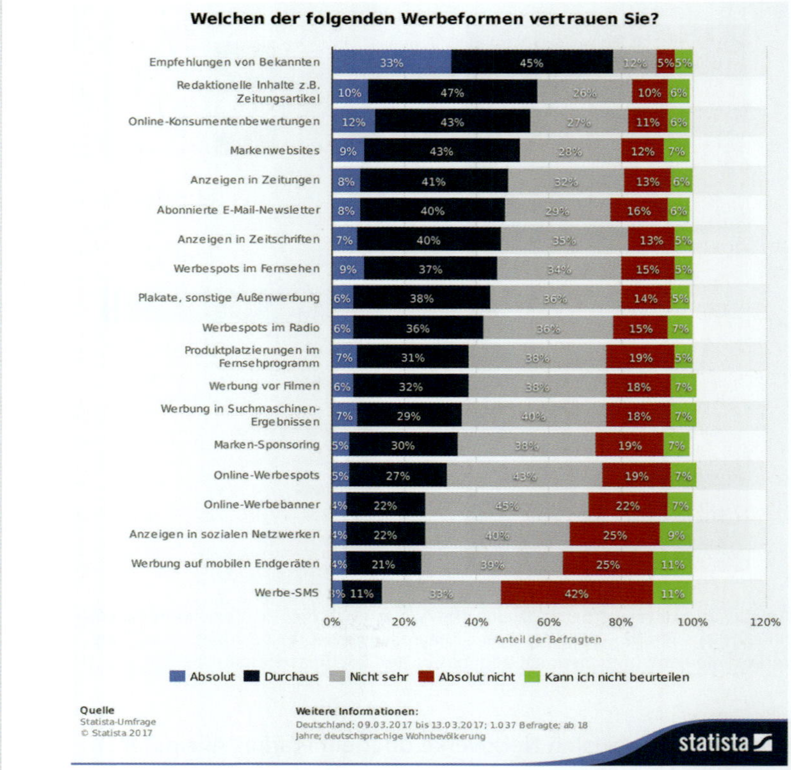

Abb. 114: Social Media verschieben die Machtverhältnisse in der Kommunikation. Facebook & Co. werden zur Bedrohung für Google, TV und andere klassische Kommunikationskanäle. Denn der Empfehlung und Bewertung aus dem Social Network wird mehr vertraut als dem Suchergebnis und dem Fernsehspot.

Google hat den Kampf um diesen Markt mit Google+ gegen Facebook verloren. Ein harter Schlag für den Konzern. Gleichzeitig schafft Facebook es nicht, die Dominanz von Google im Bereich der Video-Ausspielung zu brechen. Dort ist YouTube immer noch das Maß aller Dinge, mit zunehmendem Marktanteil. Ähnlich einem Krimi ist es spannend zu beobachten, wie die großen digitalen Ökosysteme den Kampf um die Daten und die Verweildauer des Kunden führen.

5.4 Digital Storytelling, oder: Warum die Social Networks die spannendsten Geschichten erzählen

Bei den Neuromarketing-Instrumenten haben wir bereits über die Kraft des Storytellings gesprochen. Die schönsten Geschichten, so ein bekanntes Bonmot, schreibt das Leben selbst. Und weil das Leben inzwischen ebenso in den sozialen Netzwerken stattfindet, entstehen hier gleichsam die schönsten Geschichten aus dem wahren Leben: Die Hochzeit von Ruth und Ingo in Schweden den ganzen Tag über die Fotopostings der beiden verfolgen – sehr romantisch. Den Wintereinbruch von Ralph bei der Alpenüberquerung quasi live erleben – abenteuerlich. Am Rosenkrieg von Michael und seiner Frau teilhaben – besser als die *Gala* …

Einer der Autoren dieses Buches kommt aus einem kleinen Ort in der Nähe von Köln – aus Stommeln. Er wurde von seiner Schwester (übrigens ungefragt) zur Facebook-Gruppe »Du bist aus Stommeln, wenn …« hinzugefügt. Diese Gruppe hatte innerhalb von nur wenigen Wochen über 1000 Mitglieder, die alte Erinnerungen an das Leben im Ort teilen. In Kindheitserinnerungen schwelgend, sitzt der Autor nun so manche Stunde vor Facebook, trifft dort Leute, die er Jahre nicht mehr gesehen oder gesprochen hat, streitet sich mit anderen Gruppenmitgliedern, wann denn die Eckkneipe damals aufgegeben wurde und ob da früher eine Metzgerei drin war oder nicht. Damit wird er selbst Teil der Geschichte (Abb. 115).

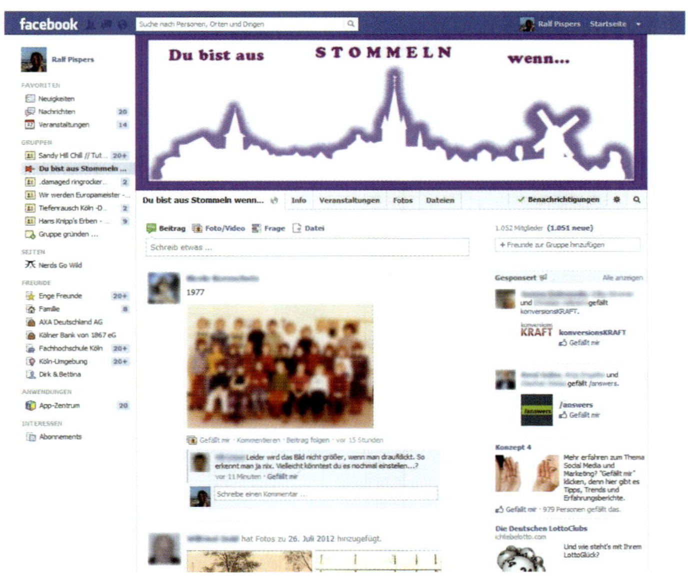

Abb. 115: Facebook schreibt Geschichte, nicht nur als Unternehmen: Millionen von Storys werden jeden Tag auf Facebook erzählt – ein wesentlicher Grund für die hohe Attraktivität und die hohe Nutzungsfrequenz der Social Networks.

Die Kraft, die die Social Networks im Bereich des Storytellings entfalten, ist ungemein stark. Und so lassen sich eben auch die Storys aus Marketingkampagnen, TV-Formaten, Zeitungsberichten und dergleichen mehr in die sozialen Netzwerke verlängern. Viele Menschen finden diese Art der Kommunikation und Unterhaltung inzwischen attraktiver als das »Dschungelcamp« ...

5.5 Too fast for ratio: Werbung und Online-Vertrieb verschmelzen

Wir haben in den vorangegangenen Kapiteln beschrieben, dass Handlungs- und Kaufimpulse unbewusst und innerhalb kurzer Zeit ausgelöst werden können. Auch hier punkten die Social Networks im Vergleich zu allen anderen Medien. Denn die sozialen Netzwerke sind maximal auf Impulshandlung ausgelegt. »Posten«, »Liken«, »Kommentieren«, »Teilen« – alle diese Funktionen nutzen wir innerhalb von wenigen Sekunden (Abb. 116). Es wird wenig bewusst gedacht und umso mehr unbewusst/intuitiv gehandelt. Insofern bieten die Social Networks die derzeit kürzesten Response- und Aktionsketten. Ohne Medienbruch. Auf allen digitalen Devices. Zu jeder Tageszeit. Von überall auf der Welt.

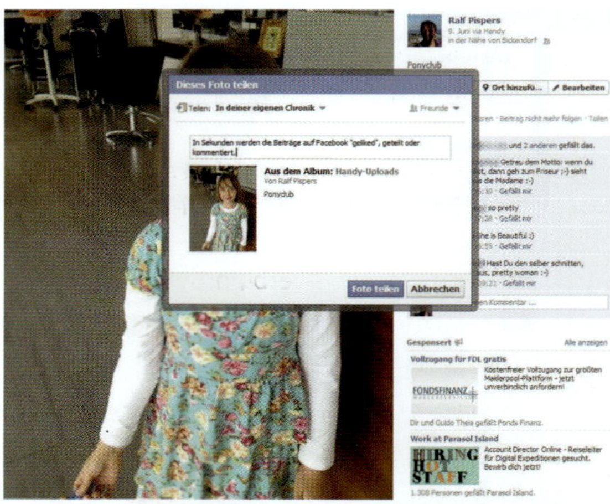

Abb. 116: Ein Bild sagt mehr als tausend Worte – und sorgt auf Facebook & Co. für unmittelbare Interaktion beim Empfänger. Diese kurze Interaktionskette ist ideal für den Einsatz von Neuromarketing, kann doch der Mensch den unbewussten Impuls sofort in Handlung umsetzen.

Das Verhalten der Menschen in den Social Networks ist durchaus habitualisiert: Swipen (also der Wechsel zwischen Bildern und Beiträgen), Liken (Klick auf den »Gefällt mir«-Button) und der Wechsel aus den sozialen Netzwerken in andere Plattformen (YouTube, Websites, Shops) ist vom Nutzer gelernt. Insofern lassen sich für das Marketing und den Online-Vertrieb mit den richtigen Botschaften und mit gut angewendetem Targeting hohe Response- und

Conversion-Rates erzielen. Das führt inzwischen dazu, dass viele Anbieter sich den Weg über die Websites und den Shop sparen und den Kunden sofort in die Bestellstrecke schicken. Damit wird Social Commerce ein zunehmend wichtiger Absatzkanal. Gerade Trendprodukte werden häufig nur noch über den Kanal der Social Networks vertrieben. Durch die neuen Formate (unter anderem Karussell, Video inklusive 360-Grad-Perspektive, Canvas) lassen sich Produkte und Leistungen vollständig präsentieren und perfekt in Szene setzen. So wird beispielsweise ein Canvas-Ad bei Facebook zum attraktiven Ersatz für die Landingpage im eigenen Shop oder der eigenen Website. Die verkürzten Strecken zahlen sich für Werbung und Online-Vertrieb absolut aus.

Schauen wir uns an einem Beispiel konkret an, wie eine erfolgreiche Kampagne aus Targeting und verkürzter Kaufstrecke heute angelegt wird. Beginnen wir in WhatsApp. Autor Ralf Pispers, der, wie bereits erwähnt, ein absoluter Ski-Fan ist, plant mit seiner Familie ein verlängertes Wochenende in Österreich. Er findet ein Hotel und teilt seinen Fund in der Familien-WhatsApp-Gruppe mit seiner Frau und seiner Tochter. Vorher war er auf der Website des Hotels, auf der ein Social Widget integriert ist, mit dem man die Facebook-Page des Hotels aufrufen kann. Über das Widget sammelt Facebook Retargeting Informationen von Ralf Pispers, denn er wird als solcher durch das Facebook Widget auf der Seite des Hotels erkannt.

Basierend auf diesen »Customer Behavior«-Informationen, gepaart mit den bereits vorliegenden Profilinformationen zur Ski-Leidenschaft von Ralf Pispers, wird auf Facebook a) eine Werbung des Tourismusverbands Hochfügen ausgespielt für einen Freeride-Wettbewerb an dem Wochenende, an dem er tatsächlich mit seiner Familie dort gebucht hat. Darüber hinaus wird b) die Werbung eines Anbieters für Skibrillen ausgespielt.

Alle profitieren von dieser Art des Targetings und des Profiling. Die Werbetreibenden profitieren, weil sie mit überdurchschnittlich hohen Response- und Conversion Rates rechnen können (bei praktisch abgeschafftem Streuverlust). Ralf Pispers profitiert, weil er einen exakt passenden Hinweis auf die Veranstaltung in Hochfügen bekommt und direkt seine Teilnahme daran bestätigen kann. Facebook profitiert durch das optimale Matching von Angeboten und Kunden.

Wichtig ist, dass Ralf Pispers kaum in der Lage ist, die Werbeausspielungen zu ignorieren. Denn beide treffen zu 100 Prozent seine Positionierung in den Limbic® Types. Sein Autopilot reagiert also sofort und unbewusst auf die Angebote. Durch das habitualisierte Verhalten in Facebook bestätigt er sofort mit einem Fingertip auf dem Smartphone die Teilnahme am Event (was sofort allen seinen Freunden bei Facebook mitgeteilt wird: Ralf Pispers nimmt teil ...) und klickt sofort für weitere Informationen zur Skibrille. Diese werden per Video (mit entsprechend hoher emotionaler Aktivierung) und durch attraktive Content-Aufbereitung per Storytelling vermittelt. Am Ende steht ein PayPal-Schnell-Check-out im Shop des Anbieters und eine ausgefeilte Logistik, mit der die Brille schon am nächsten Tag zugestellt wird.

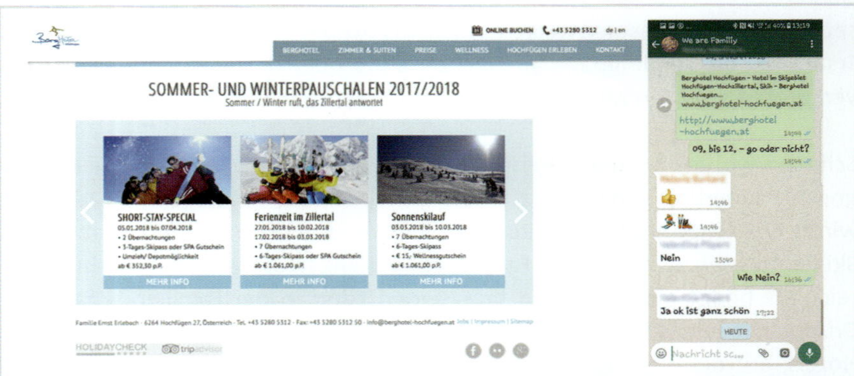

Abb. 117: Neuromarketing par excellence und der beste, heute verfügbare Kreislauf für Marketing- und Online-Vertrieb. Social Networks produzieren ein Set an Informationen & Angeboten, welches optimal auf den einzelnen Kunden und seine Bedarfssituation zugeschnitten ist.

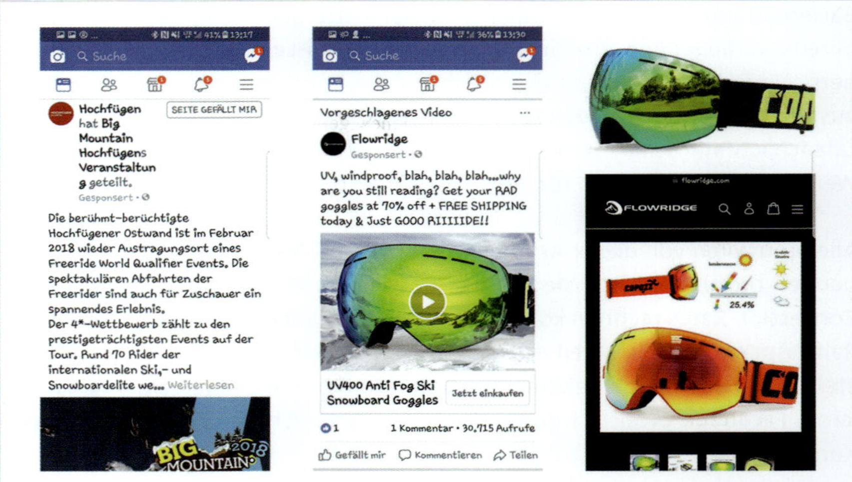

Abb. 118: Werbung zum richtigen Zeitpunkt, mit dem richtigen Angebot, an die richtige Zielgruppe, für die richtige Bedarfssituation und maximal kurzem Sales-Funnel.

5.6 Personal Networking: Kundengewinnung und -bindung im stationären Vertrieb

Das soziale Leben ist inzwischen vollständig mit der digitalen Welt vernetzt, wenn es nicht sogar zu großen Teilen darin aufgegangen ist. In Deutschland (und auch weltweit) ist der Messenger zu einem der meistgenutzten Kommunikationsmittel geworden. In der jungen Zielgruppe ist es bereits der meistgenutzte Dialogkanal. Ein Smartphone wird heute nur noch in den wenigsten Fällen zum Telefonieren benutzt, sondern in erster Linie zur Nutzung von Messenger-Diensten wie Facebook-Messenger, WhatsApp oder Snapchat.

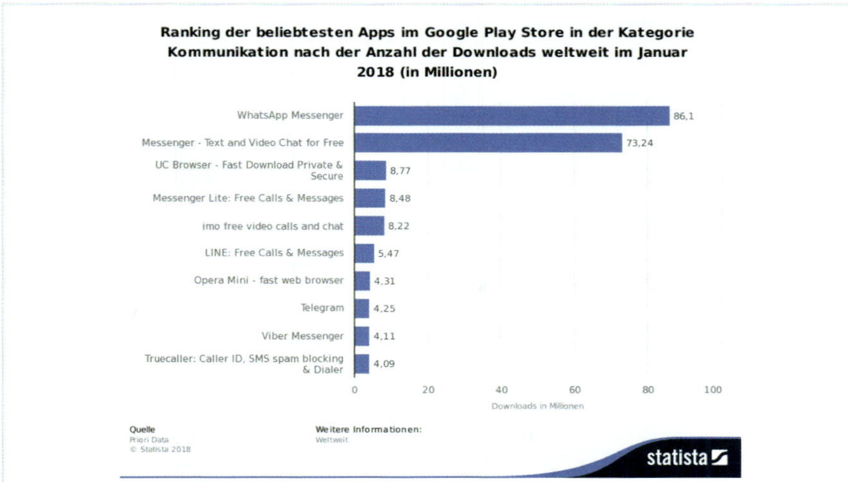

Abb. 119: Messenger Apps sind die mit Abstand meistgenutzten Anwendungen auf den Smartphones weltweit. Und das nicht nur im Google Playstore, sondern genauso im iTunes Store von Apple.

Schauen wir auf die Generationen nach uns, so vollzieht sich die Entwicklung noch rasanter. Dort ist Telefonieren quasi eine Höchststrafe, kann man doch per Text- oder Sprachnachricht wunderbare Dialoge führen mit mehreren Nutzern – und das auch noch im Multitasking Modus, das heißt, während man gleichzeitig noch andere Dinge macht (Hausaufgaben, für das Studium lernen, im Skilift sitzen etc.).

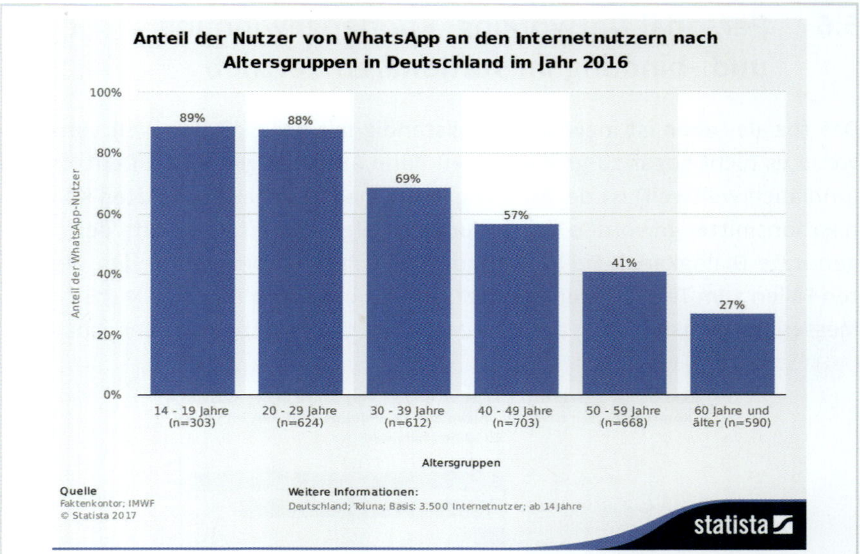

Abb. 120: Gerade in der jungen Zielgruppe geht ohne Messenger nichts mehr. Wer in den Dialog kommen will, muss sich medial auf Messenger einstellen.

Die Unternehmen sind derzeit noch in den wenigsten Fällen auf diese neue Kommunikations- und Dialogwelt vorbereitet. Die Hotline ist noch immer das Mittel der Wahl, der Brief noch immer der wesentliche Kanal zum Kunden. Dies bedeutet, dass viele Unternehmen heute nicht mehr das von den Kunden favorisierte Medium für den Kunden-Dialog nutzen. Zudem erschwert es die europäische Gesetzgebung, Lösungen und Services auf Basis der Messenger-Dienste anzubieten. Denn alle Messenger basieren auf Cloud-Infrastrukturen und bieten insofern aus Sicht der Datenschützer keinen adäquaten Schutz. Auch aus diesem Grund droht Europa ins Hintertreffen zu geraten im Vergleich zu den USA oder auch China.

Neben den Messenger-Diensten sind die Social Networks heute ein nicht wegzudenkender Teil des sozialen Lebens. So findet der Austausch ganzer Nachbarschaften sowie von Stadtteilen und Gemeinden heute in Gruppen der Social Networks statt. Autor Ralf Pispers wohnt aktuell in einem Stadtteil von Köln mit ca. 11.000 Einwohnern. Die diversen Facebook-Gruppen wie »Widdersdorfer Familien«, »Widdersdorfer Flohmarkt«, »Dorfgemeinschaft Widdersdorf« etc. kommen aktuell auf über 5.000 Nutzer, wobei es sicherlich eine hohe Zahl von Nutzer-Überschneidungen geben wird. Trotzdem findet der gesamte soziale Austausch des Stadtteils über diese Facebook-Gruppen statt. Egal ob Planung des Schulneubaus, Tulpenfest, Karnevalsumzug, Einbruchsserie, Unfälle – nahezu alle Themen werden in den Gruppen diskutiert. Darüber hinaus hilft man sich in diesen weiter, egal ob ein Kind sein Schnuffeltier verloren hat oder ein Fahrrad auf einem Feldweg gefunden wurde.

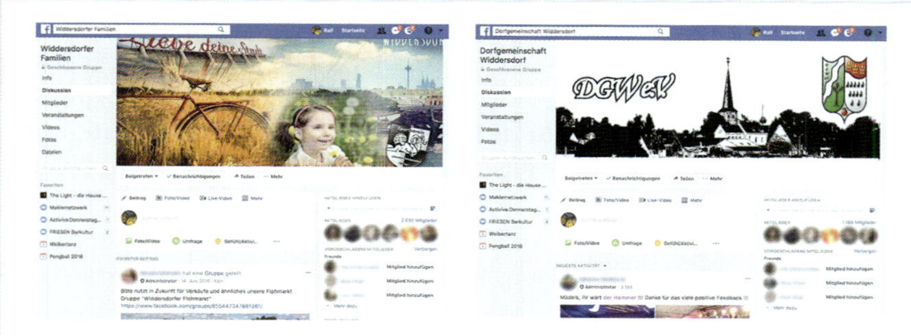

Abb. 121: Soziales Leben in der digitalen Welt. Hier entsteht emotionale Nähe. Hier ist das Betätigungsfeld für stationäre Anbieter.

Abb. 122: Neuigkeiten, Meinungen, Rat und Hilfe – gab es das früher beim Friseur oder bei der Bankfiliale, bilden heute die Social Networks die Plattform dafür.

Parallel zu dieser Digitalisierung des sozialen Lebens stirbt die Hauptstraße des Ortes aus, schließen Geschäfte und Einzelhändler, erhält das Reisebüro weniger Zulauf und verirren sich nur noch wenige Kunden in die örtlichen Filialen der Banken.

Hier kommt der persönlichen Vernetzung eine große Bedeutung zu. Denn einer der wesentlichen Regeln des digitalen Zeitalters lautet: Regionale Nähe hat nichts zu tun mit emotionaler Nähe. Eine Bankfiliale war noch in den 1980er-Jahren ein Zentrum des sozialen Austauschs. Man traf sich dort, während man Kontoauszüge oder Reiseschecks abholte, Geld einzahlte oder einen Dauerauftrag einrichtete. Die Kundenberater waren zu jederzeit über das Leben der Kunden informiert, egal ob Urlaub, Krankheit, Hochzeit oder Nachwuchs. An Karneval kam das Dreigestirn und es wurde Kölsch und Suppe ausgeschenkt. Und am Weltspartag kamen die Kinder zuhauf mit den Spardosen und bestaunten die Geldzählmaschine. All das gehört heutzutage der Vergangenheit an. Der Kunde tätigt seine Bankgeschäfte über die Banking-App oder das Online-Banking. Eine Geldzählmaschine gibt es in den meisten Filialen nicht mehr. Der Kunde wird durch die SB-Zone unfassbarer Weise von den Kundenberatern getrennt (was für ein strategisch haarsträubender Fehler!). Und die aus Kundensicht völlig unsinnigen Öffnungszeiten setzen der ganzen Situation die Krone auf. Trotzdem haben die großen Filialbank-Systeme der Sparkassen oder Volks- und Raiffeisenbanken nur das Alleinstellungsmerkmal der regionalen Nähe. Werden die Filialen geschlossen, vernichten die Banken damit auch das einzige Alleinstellungsmerkmal im Vergleich zu den Direktbanken und globalen FinTechs.

Hier gilt es anzusetzen, und hier liegt aus Neuromarketing-Sicht ein enormes Potenzial, das es zu heben gilt. Denn die Nutzung der Social Networks lebt von den Menschen – noch wesentlich mehr als von den Marken. Insofern bietet das persönliche Networking massives Potenzial und wird zum strategischen Wettbewerbsfaktor für den stationären Point of Sale. Das Reisebüro braucht künftig die persönliche Vernetzung mit dem Kunden. Der Versicherungsvermittler und -makler wird Freunde und Kontakte auf Facebook, XING & Co. benötigen. Das Fitnessstudio, der Bankberater, der bofrost-Mann: All diese stationären Vertriebe sind aufgefordert, den Kunden die Vernetzung in den Social Networks anzubieten. Denn nur so entsteht emotionale Nähe. Nur so bleiben die regionalen stationären Anbieter im relevanten Set und in der Awareness der Kunden. Nur so sind die stationären Vertriebe in der Lage, den Kunden einen schnellen und einfachen Dialog- und Kommunikationskanal anzubieten. Wer da nicht mitmacht, wird nicht überleben. Denn neben dem persönlichen Networking gibt es nur noch zwei wesentliche Ansätze im lokalen Geschäft: Erstens die Schaffung von Kauferlebnis über Events – von der Verkostung über die Infoveranstaltung bis hin zur Modenschau. Zweitens der Wechsel in die Einkaufszentren.

Wir Autoren haben in den letzten Jahren sehr erfolgreich und in großen Projekten den stationären Vertrieb über den Einsatz von Social Networks, Messenger-Diensten, Kundenbewertung und regionaler Online-Werbung emotional näher an die Kunden gebracht. Sowohl für Ärzte hat das funktioniert als auch für Reisebüros, Versicherungsvermittler/-makler oder auch Bankfilialen.

Der Allgemeinmediziner Dr. Simon Reich beispielsweise generiert einen Großteil seiner neuen Patienten über die digitalen Touchpoints. Dabei bespielt er als lokaler Anbieter sämtliche Plattformen. Er ist ebenso professionell positioniert in der Google-Suche und Google My Business wie auch in den Bewertungsplattformen wie Jameda. Über seine Facebook-Page schafft er Kundenbindung und gibt seiner Praxis über authentische Fotos vom Team und der täglichen Arbeit einen persönlichen Charakter. Über die Online-Terminvereinbarung schafft er die kürzeste Response-Strecke für den Patienten und entbindet diesen gleichzeitig davon, unbedingt anrufen zu müssen. So sieht regionale und emotionale Positionierung heute aus. Und so schafft man aus Neuromarketing-Sicht auch wesentliche Treiber für die Kontaktaufnahme: Sympathie/Empathie durch die persönlichen Eindrücke in die Praxis, Vertrauen über die Kundenbewertungen, Storytelling über die Website und die Facebook-Postings sowie Handlungs-Impuls über die Online-Terminvereinbarung.

Abb. 123: Dr. Simon Reich differenziert sich im Markt durch emotionale Nähe und den Einsatz von Neuromarketing-Konzepten.

Gemeinsam mit unseren Kunden setzen wir inzwischen eine Gesamtstrategie um, mit der die Vorteile des stationären Vertriebs mit den digitalen Kanälen gekoppelt werden. Aus den Erfahrungen der letzten Jahre können wir folgendes Resümee ziehen:

- Die Sichtbarkeit in der regionalen oder thematischen Zielgruppe steigt massiv an.
- Die Awareness für den jeweiligen stationären Partner bei den Kunden wird verstärkt und wirkt auch im Moment der Bedarfssituation (»Da gibt es doch das Reisebüro X, da habe ich doch mal so etwas gesehen …«).
- Die Bereitschaft der Kunden zur Kontaktaufnahme wird deutlich gesteigert.
- Das Empfehlungsmarketing wird über den Einsatz von Kundenbewertungen und Rezensionen wesentlich vereinfacht.
- Das Angebot zum Online-Dialog per Messenger oder per Videoberatung wird vom Kunden sehr positiv aufgenommen.
- Regionale oder thematische Mikrokampagnen mit spitzer Zielgruppe lassen sich erfolgreich und auch mit kleinem Budget platzieren.

Abb. 124: Personal Networking – mit einer klaren Strategie lassen sich die digitalen Kanäle und insbesondere die Social Networks hervorragend für den stationären Vertrieb einsetzen.

Man muss sich immer wieder klar vor Augen halten, dass die Social Networks ein Kanal sind, in dem die Menschen freiwillig, aktuell und kostenlos ihre Motive, Interessen, Lebenssituationen und Wünsche beziehungsweise Bedarfssituationen teilen. Wer das als Bankberater, Versicherungsvermittler, Reisebüro-Mitarbeiter etc. nicht nutzt und sich nicht mit seinen Kunden vernetzt/befreundet, der verzichtet auf Akquisitions- und Bindungspotenzial. Hier nur ein paar Ansätze:

1. **Der Kunde bekommt Nachwuchs?** Der Versicherungsberater schickt Glückwünsche per Facebook-Nachricht und eröffnet dem Kunden, dass das Kind die nächsten drei Monate über seine private Krankenversicherung automatisch versorgt ist. Der Kunde solle sich doch nach den ersten schönen gemeinsamen Tagen einfach melden. Dann könne man das Thema langfristig auf die richtige Bahn bringen.
2. **Der Kunde bedauert per Posting, dass der Urlaub schon vorbei ist.** Der bofrost-Mann meldet sich wegen eines Termins für die nächste Lieferung.
3. **Der Kunde beschwert sich über das miese Wetter in den Sommerferien.** Der Reisebüro-Mitarbeiter schickt Last-Minute-Angebote und bietet ein Telefonat zur kurzfristigen Urlaubsplanung an.
4. **Der Bankkunde likt die Facebook-Seite des Wettbewerbers.** Der Berater erkundigt sich umgehend, ob alles okay ist, und offeriert Sonderkonditionen für das Festgeld.

Für die, die jetzt unken, sei hier angemerkt: Die Kunden nehmen diese Aktivitäten sehr positiv auf. Denn sie interpretieren solche Hinweise als proaktive Beratung. Und das ist, was die meisten Kunden wollen. Darüber hinaus muss auch nicht alles einen vertrieblichen Hintergrund haben. Man kann dem Kunden durch einen Kommentar auch einfach mal einen schönen Urlaub wünschen. Man kann sich an den Emotionen des Kunden beteiligen und sich über die Geburt seines Kindes freuen. Man kann auch mal mitfühlen und »gute Besserung« unter das Bild der Erkältungspräparate posten. Wer die Kapitel zuvor aufmerksam gelesen hat, der weiß, dass Menschen die sozialen Bedürfnisse vorprogrammiert haben. Das limbische System wird unbewusst und unmittelbar positiv auf jede dieser Interaktionen reagieren.

Neben der persönlichen Vernetzung lohnt sich der Aufbau von Fans, Followern und Abonnenten gleichermaßen. Denn damit baut sich die Marke, das Unternehmen, das Produkt oder auch das stationäre Geschäft Reichweite zu bestehenden und potenziellen Kunden auf. Und diese Reichweite ist wertvoll, zahlt sie doch sowohl auf die Marketingkosten ein als auch auf die Positionierung im Google-Index. Und auch auf der Hand liegt, dass der Eindruck der Kunden vom jeweiligen Geschäft, dem Produkt oder der Marke mit zunehmender Zahl an Fans, Likes und Kommentaren verbessert wird.

Abb. 125: Top bewertet, top positioniert bei Google und mit der Referenz von Tausenden von Fans & Followern in den Social Networks. So positioniert sich der persönliche Vertrieb heute in den digitalen Kanälen und verschafft sich damit Wettbewerbsvorteile.

Diese Dinge sind es, die der stationäre und persönliche Vertrieb besser kann als die Direktplayer oder die automatisierten Geschäftsmodelle. Nutzt der persönliche Vertrieb die Potenziale nicht, wird er sich gegen die neuen, intelligenten und digitalen Plattformen kaum durchsetzen können.

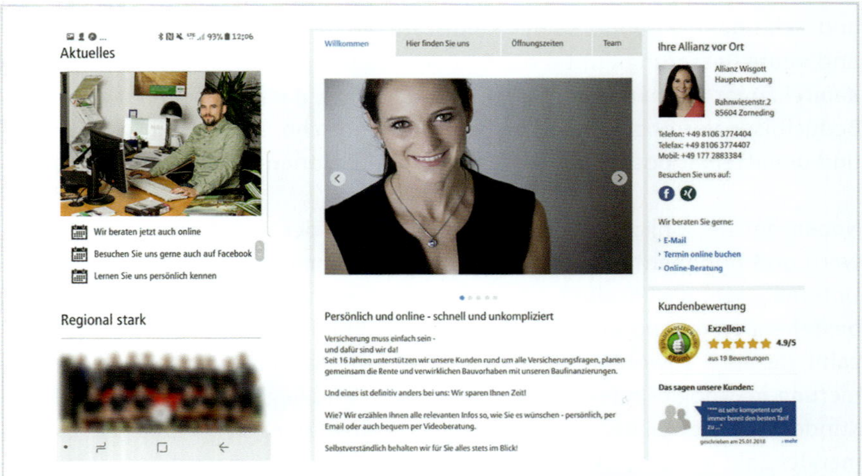

Abb. 126: Online-Terminvereinbarung, Online-Beratung, WhatsApp-Dialog – so lassen sich digitale Welt und stationärer Vertrieb kombinieren.

5.7 Social Login: Convenience schlägt Ratio und beschleunigt die Weltherrschaft

Wenn Vorstände heute von der geführten Managertour durch das Silicon Valley kommen, hat man ihnen meist den Eindruck vermittelt, Erfolg sei vollständig planbar. Eine alte Fabrikhalle, eine Design-Thinking-Ausstattung und ein Scrum-Team für die agile Entwicklung – schon geht jedes Geschäftsmodell in Richtung Börsengang. Doch bei aller Genialität von Vorreitern wie Steve Jobs und Mark Zuckerberg – viele der Entwicklungen standen am Anfang der Überlegungen auf keinem Post-it. So wird es mit dem Thema Social Login gewesen sein, als Facebook gegründet wurde. Wer hätte damals daran gedacht, dass die Zugangsdaten zum Social Network einmal die Türen öffnen zur persönlichen Musiksammlung bei Spotify, zur persönlichen Partnerwahl bei Tinder oder zu den vorausgefüllten Bestellstrecken bei der Bank.

Beim Thema Social Login bewegen wir uns mitten im Neuromarketing und gleichzeitig in der Relevanz von User-Experience. Denn natürlich weiß der Kunde, dass Facebook jeden Login-Vorgang mitbekommt und damit die Profildaten anreichert. Aber der wahrgenommene Nutzen ist so groß und der Vorgang ist inzwischen bei vielen Nutzern so habitualisiert, dass die Funktion trotzdem vorgezogen wird. Denn die Alternative dazu ist denkbar unattraktiv: Sie besteht aus dutzenden verschiedener Passwörter für die einzelnen Dienste oder Apps und aus Registrierungsformularen für den Erstzugang. Insofern siegt die Convenience über die Ratio des Kunden.

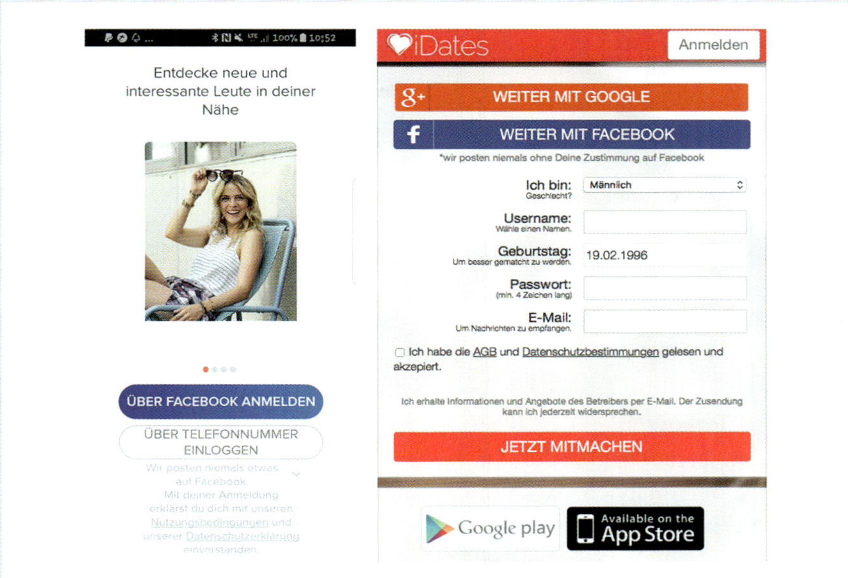

Abb. 127: Convenience-Faktor Facebook-Login – erspart dem Nutzer den umständlichen Registrierungsprozess und ist inzwischen elementarer Teil des digitalen Ökosystems von Facebook.

Der Login-Service ist inzwischen nicht mehr nur auf die Social Networks begrenzt. Google bietet den Service an auf Basis des Google-Kontos des Nutzers. Online-Händler Amazon offeriert anderen Shops die Möglichkeit, ihren Kunden die Registrierung zu ersparen und sich per Amazon Login direkt zur Kasse zu bewegen. Dabei stellt Amazon Steigerungen in der Conversion-Rate von bis zu 35 Prozent in Aussicht und bietet zusätzliche Services wie Fraud Detection (Missbrauchsschutz) oder Garantieleistungen. Amazon bekommt für seinen Dienst je nach Transaktionsvolumen ca. ein bis zwei Prozent – und bietet mit Amazon Pay Zugang zu 300 Millionen Kunden. PayPal ermöglicht die

Abb. 128: Amazon und PayPal statt Registrierungsprozess für Neukunden – viele Online-Shops bieten den Service schon an. Aber auch erste Finanzdienstleister ermöglichen die Bezahlung von Versicherungsbeiträgen oder sonstigen Dienstleistungen per Amazon oder PayPal.

Übernahme von Rechnungs- und Lieferanschriften sowie die sofortige Bezahlung über den Login ins PayPal-Konto auf den E-Commerce-Seiten.

Unternehmen sollten die Möglichkeiten zur Nutzung der Login-Services in allen Fällen prüfen. Sie sind wertvoll für den Kunden und verbessern die Erfolgskennzahlen im Online-Geschäft. Alle, die mit Online-Vertrieb zu tun haben, wissen, dass jedes Feld in einer Bestellstrecke Abrieb generiert. Und daher werden die Login-Services so intensiv genutzt.

Der Marktvorsprung amerikanischer Player wie Amazon, PayPal, Facebook oder Google ist so groß, dass sich die deutsche Wirtschaft inzwischen zu Recht Sorgen macht, den Anschluss im Bereich der Vernetzung vollständig zu verlieren. Große Unternehmen wie Allianz, Lufthansa oder Daimler haben daher die Login-Allianz Verimi gegründet. Sie wollen damit den Nutzern die Möglichkeit geben, ihre persönlichen Daten und Legitimations-Informationen per Verimi-Login an das kooperierende Unternehmen beziehungsweise die kooperierende Behörde zu übergeben. Dabei punktet man mit europäischem Datenschutz und spielt das in der Vermarktung auch ganz klar gegen die amerikanischen und chinesischen Player aus. Im Imagefilm heißt es, dass man die Dinge baut, die man für die Schlacht von morgen braucht. Und genauso ist es auch im Kampf um den Kunden und die Datenhoheit, im Kampf um Nutzerprofile und Targeting-Informationen. Im Kampf der digitalen Ökosysteme kämpft Europa als David inzwischen gegen zwei Goliaths: China und die USA. Die große Herausforderung ist, dass man in Europa nahezu bei Null anfängt und Verimi erst einmal auf den deutschen Markt begrenzt ist. Facebook dagegen bietet seinen Partnern dagegen den Zugang zu 2,3 Milliarden Nutzern weltweit und zu fast 300 Millionen Usern in Europa, die Facebook jeden Tag nutzen. Amazon kann mit 300 Millionen Kunden punkten und PayPal mit knapp 200 Millionen. Insofern wird es ein langer Weg werden für die Deutsche Verimi-Vereinigung und ein langer Weg für Europa im Kampf um eine Position im digitalen Geschäft.

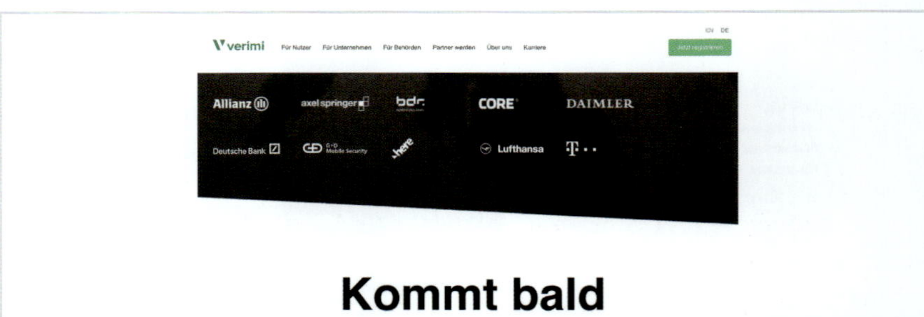

Abb. 129: Benachteiligt durch vernachlässigte Digitalisierung in der Politik und durch strenge europäische Regelungen versuchen deutsche Unternehmen, der Übermacht der USA und China zu begegnen.

6 Macht der Gewohnheit – Neuromarketing im IoT-Zeitalter

Was hat die Vernetzung der Dinge mit dem limbischen System der Kunden zu tun? Viel! Denn – wir haben das zu Beginn des Buches bereits thematisiert – durch die Vernetzung der Dinge entstehen neue Services und Ökosysteme, die das Verhalten der Menschen hochgradig habitualisieren. Dabei müssen wir uns gar nicht nur auf das Internet der Dinge beschränken, sondern können den Ansatz weiter fassen: Aus Produkten werden im digitalen Zeitalter Services. Und der Service entscheidet in vielen Fällen über die Unique Selling Proposition der Produkte, das heißt über die Alleinstellungsmerkmale der Produkte im Wettbewerb.

Sehr gut aufzeigen lässt sich dieses Prinzip am Beispiel der Hausratversicherung. Die Ausgangssituation sieht hier wie folgt aus:

- Das Produkt wird von der Branche als Low-Involvement-Produkt gesehen.
- Das Produkt besteht heute aus einer Versicherungspolice. Darin stehen Informationen über die abgesicherten Risiken, die Vertragslaufzeit, die Prämie etc.
- Das Produkt wird vom Kunden in der Regel über Jahre nicht in Anspruch genommen, da der Schadenfall – glücklicherweise – sehr selten eintritt. Und nur dann ist das Produkt interessant.
- Das Produkt steht im Preiswettbewerb. Die Kundenbindung ist gering. Auf Check24 werden fleißig Preise verglichen, und auch der Versicherungsmakler findet immer noch einen Anbieter, der den Versicherungsschutz günstiger anbietet.
- Die Ertragssituation der Versicherungsgesellschaften hängt von der Schadenhäufigkeit und vom Schadenumfang ab. Steigende Zahlen bei den Haus- und Wohnungseinbrüchen stellen hier ein Problem da. Feuer und Wasserschäden sind komplexe Schadenfälle, die einen immensen Aufwand in der Bearbeitung verursachen.

Wechseln wir in die Kundenperspektive, sieht die Sache durchaus anders aus:

- Zu seinem Hausrat hat der Kunde eine extrem hohe emotionale Bindung. Es ist eine Schande, wenn der neue Fernseher geklaut wird oder wenn die schönen Möbel einem Feuer zum Opfer fallen. Aber noch schlimmer ist, wenn der Schmuck von der Urgroßmutter gestohlen wurde, wenn die Fotos der letzten 20 Jahre dem Wasser zum Opfer gefallen sind und wenn der Einbrecher die ganzen persönlichen Dinge durchwühlt hat. Mit der Annahme, dass es sich hier um ein Low-Involvement-Produkt handelt, liegt die Versicherungsbranche völlig daneben.

- Der Kunde weiß in der Regel gar nicht, welche Schäden durch die Hausratversicherung und durch die Gebäudeversicherung abgedeckt werden – und er macht sich Sorgen. In vielen Befragungen zu den größten Wünschen und Motiven der Menschen rangieren Sicherheit und Gesundheit ganz oben auf der Liste.
- Die Kunden investieren in den Schutz, kennen sich aber in der komplexen Materie kaum aus. Welche Feuermelder sind die besten? Wie kann ich meine Wohnung oder mein Haus optimal gegen Einbruch schützen? Schützt der AquaStop der neuen Waschmaschine wirklich zu 100 Prozent vor einem Wasserschaden?

Was hat nun die Versicherungswirtschaft in der Vergangenheit getan, um die Motive und Bedürfnisse der Kunden zu bedienen? Man hat die Produkte gestaffelt in Top, Komfort und Basis, damit man unterschiedliche Preis-Affinitäten der Kunden bedienen kann. Man hat die Versicherungsbedingungen gestrafft, um die Verständlichkeit der Leistungen beziehungsweise der Ausschlüsse zu verbessern (Stichwort: Versichern heißt Verstehen), man hat Online-Strecken für den Vertrieb der Produkte bereitgestellt und mit Check24 darüber verhandelt, wie man das eigene Produkt besser in der Ergebnisliste positioniert. Und man hat dem Kunden ermöglicht, die Versicherungspolice im Kundenportal online einzusehen und die Bankverbindung bei Bedarf eigenständig zu ändern.

Dem Kern der Kundenbedürfnisse hat man sich in den letzten Jahren aber kein Stück genähert. Ja man hat sich sogar noch nicht einmal vernünftig damit auseinandergesetzt. Erst jetzt beginnt man in den diversen, neu gegründeten »digitalen Garagen« der Versicherungsunternehmen darüber nachzudenken, wie die Digitalisierung dazu genutzt werden kann. Und hier ist der Ansatz längst klar und auch technisch vollständig realisierbar: Das Zauberwort heißt Internet of Things. Dabei ist das Haus beziehungsweise die Wohnung das Objekt (Thing). Die Sensorik, also die Rauch- und Feuer-, Einbruch- und Wassersensoren bilden die Impulsgeber. Und das Internet schafft die Vernetzung.

Die neue Hausratversicherung sieht wie folgt aus: Sie bedient die Grundmotive der Kunden und verspricht die optimale Sicherheit vor Feuer und Rauch, Einbruch sowie vor Wasserschäden. Sie verspricht die optimale Absicherung von Hab und Gut der Kunden. Sie gibt den Kunden das Gefühl, in maximaler Sicherheit zu leben. Das Produkt besteht nicht mehr nur aus einer Police, sondern aus den dazugehörigen Sensoren, dem Installations-Service, der App zur Steuerung sowie dem Assistance Center, welches sofort zur Hilfe eilt – egal wann und egal wo der Kunde gerade ist. Letzteres können die Versicherungsgesellschaften übrigens schon sagenhaft gut, denn sie bearbeiten die

Schadenfälle und Notsituationen der Kunde ja bereits seit jeher. Leider tun sie das aber bisher erst dann, wenn alles verbrannt, alles überschwemmt oder alles geklaut ist. Man hat die Digitalisierung eben nicht adaptiert auf das eigene Geschäft. Und wenn, dann nur aus Sicht der großen Unternehmensberater, deren Fantasie sich darauf beschränkte, Kosten zu sparen, indem der Kunde die Schadenmeldung selbst im Kundenportal eingibt.

Aber zurück zum Produkt. Der Kunde hat auf Facebook ein toll gemachtes Posting eines Versicherungsvermittlers gesehen, in dem die neue vernetzte Hausrat-Lösung (die natürlich auch nicht mehr einfach bloß »Hausratversicherung« heißt) per Storytelling inszeniert wurde und sofort zur Online-Terminvereinbarung mit einem Vermittler vor Ort führte. Der Vermittler ermittelt im Termin mit dem Kunden vor Ort den Bedarf an Sensoren, der orientiert ist an der Anzahl der Fenster, Türen, Räume etc. Alternativ findet der Kunde auf der Website des Vermittlers oder des Versicherungsunternehmens ein Tool, mit dem er das erforderliche Sensoren-Set selbst konfigurieren kann.

Jetzt kommt der Clou: Durch die Verbindung des Versicherungsproduktes mit dem IoT-Ökosystem wird die Zahl der Totalschäden (durch Feuer oder Wasser) massiv reduziert, denn per Aufschaltung auf die Assistance-Center des Versicherers werden die Hilfskräfte beziehungsweise die Bewohner frühzeitig alarmiert. Darüber hinaus sinkt die Anzahl der Einbruchschäden durch die entsprechende Ausstattung und den Hinweis am Haus beziehungsweise der Wohnung. Damit erhält der Kunde die gesamte Absicherung seiner Grundmotive zu einem Preis, den er nie bekommen würde, würde er die ganze Ausstattung selbst kaufen und montieren. Je länger er die Vertragsbindung wählt, desto geringer fällt der Preis für die Hardware-Ausstattung und den Installations-Service aus.

Nachdem der Kunde das Hardware-Set konfiguriert und den Vertrag mit dem Versicherer abgeschlossen hat, wird die gesamte Ausstattung fachmännisch in seinem Zuhause montiert. Damit stellt das Versicherungsunternehmen sicher, dass der Schutz optimal funktioniert. Der Kunde hat die Garantie, dass der Versicherer im Schadenfall leistet und er profitiert vom Service, weil er sich um nichts kümmern muss. Nach erfolgreicher Installation wird der Kunde vom Installationspartner im Kundenportal des Versicherers durch persönliche Legitimation freigeschaltet (aktuell ein Vorgang höchster Komplexität). Der Installationspartner übernimmt auch das Onboarding des Kunden in der Bedienung der Security-App des Versicherungsunternehmens. Über die App hat der Kunde ab sofort einen vollständigen Überblick über die Absicherung seines Hauses beziehungsweise seiner Wohnung. Er kann die Alarmsensorik von überall auf der Welt ein- und ausschalten (zum Beispiel, weil der Nachbar mal nach der Post schaut). Er erhält Notifications, sobald irgendetwas in seinen eigenen vier Wänden passiert. Das Assistance-Center des Versicherers sieht dabei über das GPS-Tracking der App auf dem Handy des Nutzers, wo der Kunde sich gerade befindet, also ob er zu Hause ist oder 1.430 Kilometer entfernt. Das gilt übrigens für alle Familienmitglieder, weil alle, also auch die 12-jährige Tochter, die Ehefrau und der Ehemann, die App auf ihren Smartphones installiert haben. Das Assistance-Center des Versicherers alarmiert im Ernstfall sofort die Einsatzkräfte, teilt diesen mit, ob und wie viele Bewohner im Haus oder der Wohnung sind und kann darüber hinaus weitere Personen (zum Beispiel Nachbarn) alarmieren (anrufen). Übrigens: Im Release 2 wird der Kunde auch die Möglichkeit haben, das alte Türschloss durch eine digitale Lösung zu ersetzen. Damit öffnet das Assistance-Center dann sogar bei Bedarf den Kontaktpersonen oder Einsatzkräften die Türe.

Der Kunde bezahlt jetzt für den Versicherungsschutz, für die Ausstattung mit der Sensorik, für die App und für den Assistance-Service. Den Preis für den Produktkern aus Sicht des Versicherungsunternehmens – den Versicherungsschutz – bekommt er gar nicht mehr einzeln ausgewiesen. Sie als Leser des Buches wissen an dieser Stelle ohnehin schon, dass dies aus Kundensicht gar nicht mehr der Produktkern ist. Der Kunde kauft das Produkt wegen der Services. Insgesamt verbessert sich aber die Ertragssituation des Versicherers, weil über die vernetzte Lösung unter dem Strich deutlich mehr Umsatz generiert. Die Ertragssituation und damit die Motivation für die Vertriebspartner des Versicherers verbessern sich ebenfalls, weil der verbesserte, fortlaufende Umsatz über Bestandsprovisionen an den Vermittler/Makler ausgeschüttet wird. Aus der ollen Versicherungspolice ist für den Kunden ein Service geworden, dessen Mehrwert er jeden Tag aktiv wahrnimmt und schätzt.

Und jetzt können Sie, liebe Leser, Wetten abschließen, ob der Kunde noch bei Check24 nach dem günstigeren Preis sucht oder ob er wegen des Maklers, der ihm eine Hausratversicherung günstig anbietet, den Anbieter wechselt. Bevor Sie wetten, lassen Sie uns jedoch noch ein paar Fakten und Szenarien aus der vernetzten Welt rekapitulieren:

- Kein Kunde hat sich von WhatsApp abgewendet, als der Messenger-Dienst von Facebook übernommen wurde und klar war, dass die Daten in den gleichen Profiling-Topf laufen würden. Auch hat kein Kunde sich für Wettbewerber entschieden, als der NSA-Skandal publik wurde.
- Die Wahrscheinlichkeit, dass ein Kunde aus dem Apple-Universum in die Android-Welt wechselt, ist außerordentlich gering. Muss er doch sämtliche Apps neu kaufen und installieren oder eine neue Cloud für das Backup einrichten.

- Die Wahrscheinlichkeit, dass ein Amazon-Prime-Kunde in einem anderen Shop kauft, ohne vorher bei Amazon danach gesucht zu haben, ist außerordentlich gering.
- Der Versuch der deutschen Banken, die Nutzer und die Shop-Betreiber von PayPal auf den eigenen Dienst paydirekt zu ziehen, darf als gescheitert angesehen werden.

Im Zeitalter der Digitalisierung und der totalen Vernetzung entsteht in hohem Maße neues, habitualisiertes Verhalten. Und dies wird vom limbischen System gesteuert, dem Autopiloten des Menschen. Der Wechsel aus dieser Komfortzone in ein neues System ist für die Menschen außerordentlich unangenehm. Der wahrgenommene Nutzen der digitalen Ökosysteme aber umso größer. Und so wird es auch bei dem neuen Versicherungsprodukt sein.

Und lassen Sie es uns weiterspinnen: Nachdem die ersten Kunden glücklich mit dem neuen Versicherungs-Service sind, zahlt der Versicherer Prämien für Empfehlungsmarketing und schafft darüber hinaus die Möglichkeit, ganze Nachbarschaften und Hausgemeinschaften auf die Services zu schalten. Das Potenzial ist mit der Schaffung des eigentlichen Produktes noch nicht endlich.

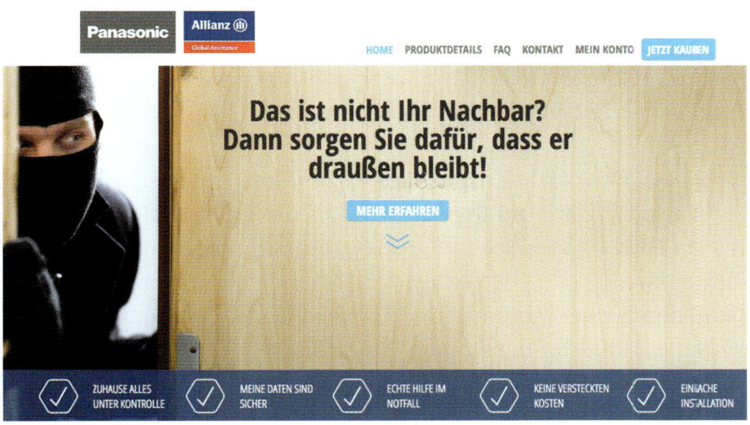

Abb. 130: Im Ansatz gut, aber noch nicht integriert in das eigentliche Kernprodukt der Versicherung. IoT-Geschäftsmodelle müssen ein vollständig digitales Ökosystem bereitstellen – erst dann sind sie auf die Bedürfnisse des Kunden ausgerichtet.

Warum ist die Ausrichtung der Strategie auf das Internet der Dinge und auf die Transformation von Produkten zu Services so wichtig? Weil es heute und in Zukunft darum geht, wem der Kunde gehört, wem dessen Profildaten gehören und wer den Service anbietet. Aktuell haben die Versicherungsunternehmen noch nicht wirklich verstanden, worum es geht. Denn sie vermitteln über Kooperationen zu Energieversorgern oder Hardware-Herstellern die

Sensorik zu günstigeren Preisen an ihre Kunden – allerdings, ohne die eigenen Versicherungsprodukte vollständig in den Service integriert zu haben. Was passiert also? Der Energieversorger verfügt über die Kundenbeziehung. Der Hardware-Hersteller hat die Profildaten des Kunden. Das heißt: Die Versicherungsgesellschaft hängt als Produktgeber am Ende der Wertschöpfungskette. Und die Produktgeber sind beliebig austauschbar.

Wer nicht an der Spitze der Wertschöpfungskette steht, der verliert. So hat es die Musikindustrie erlebt, nachdem sie die Digitalisierung aufhalten wollte, statt sie zu nutzen. Apple produzierte das IoT-basierte digitale Ökosystem aus Hardware (iPhone), Dienst (iTunes) und offenen Schnittstellen zur Anbindung von Marktpartnern. So hat es der Buchhandel erlebt, nachdem er die Digitalisierung über Jahre verdrängte und am physischen Buch festhalten wollte. Das IoT-basierte digitale Ökosystem lieferte Amazon mit Kindle – und dazu passend auch direkt den Shop. Und so erleben es gerade viele Elektronik-Hersteller, die an den Lautsprecher mit Kabel geglaubt und Streaming-Dienste wie Spotify oder iTunes Music belacht haben. Sie alle stehen nicht mehr am Anfang des Ökosystems, sondern hängen irgendwo im Hintergrund der Dienste. Sie alle gehören zu den Getriebenen oder zu den Verlierern im Markt. Wer Amazon Alexa nicht wie beispielsweise Sonos in die Lautsprecher einbaut, der verliert. Wer seine Musik nicht über iTunes oder Spotify vertreibt und entsprechend die Marge abgibt, der ist draußen. Und wer demnächst dem Energieversorger nicht den günstigsten Versicherungsschutz baut, der wird durch einen anderen Produktgeber ersetzt.

Das ist es, was die Vorstände und Führungskräfte verstehen müssen:

- Im IoT-Zeitalter zählt der Service mehr als das Produkt. Der Anteil der Services am Produkt wird massiv größer und entscheidet über die Alleinstellungsmerkmale.
- Im IoT-Zeitalter verändern sich die Ertragsquellen in dem Umfang, wie die Services das Produkt bestimmen, bis hin zu Shareconomy-Ansätzen, in denen nur noch der Service Ertrag generiert.
- Im IoT-Zeitalter entstehen digitale Ökosysteme, die habitualisiertes Kauf- und Nutzerverhalten auslösen, welches kaum zu verändern ist. Wer zu spät kommt, dem ist nicht mehr zu helfen.
- Im IoT-Zeitalter zählt – wie früher auch –, wer an der Spitze der Wertschöpfungskette steht. Mit dem Unterschied, dass jetzt die Nutzerdaten (Profile) dazu kommen. Und diese entscheiden nicht nur über die richtigen Angebote für den richtigen Kunden zum richtigen Zeitpunkt in der richtigen Tonalität und kommunikativen Argumentation sowie im richtigen Pricing, sondern sie werden auch Teil des eigentlichen Produktes.

- Im IoT-Zeitalter zählt die Kooperationsfähigkeit eines Unternehmens. Es gewinnt nicht derjenige, der alles alleine macht, sondern der, der die Dinge optimal zusammenbringt. Voraussetzung dafür ist die Schnittstellen- und Update-Fähigkeit des eigenen Produktes.
- Im IoT-Zeitalter entstehen Unmengen an Daten, die es zu verarbeiten und im Sinne der Services in sinnvolle Zusammenhänge zu bringen gilt. Machine Learning und KI sind daher ein wesentlicher Faktor.

Gerade, was den letzten Punkt angeht, wollen wir hier ein B2B-Beispiel für IoT aufzeigen, welches genauso auf den Faktoren oben basiert wie der bereits dargestellte B2C-Versicherungsschutz. Moderne Landmaschinen werden zukünftig mit einer Vielzahl von Sensoren ausgestattet. Dabei messen die Sensoren in einem Mähdrescher den Feuchtegehalt des Korns genauso wie die geerntete Menge, die abgeerntete Fläche und den Füllstand des Kornspeichers. Die Daten werden in Cloud-basierten Systemen gesammelt und per mobiler Internet-Anbindung zwischen Cloud und Maschine ausgetauscht. Anhand der gesammelten Daten errechnen die Systeme, wann der Traktor beim Mähdrescher sein muss, um den Kornspeicher zu leeren. Zwischen Mähdrescher und Traktor wird eine »Machine-to-Machine«-Verbindung aufgebaut, mit der die Logistik bei der Ernte verbessert wird. Zusätzlich werden die gesammelten Daten verwendet, um die Rechnungsstellung der Erntefirma an den Bauern zu automatisieren und um ihm Hinweise auf den optimalen Erntezeitpunkt zu geben. In der nächsten Generation werden die Erntemaschinen gar nicht mehr aus einem Führerhaus, sondern über eine Fernsteuerung bedient. Und in der Kombination von Drohne, Mähdrescher und Traktor kommt es zu einem völlig autonom und hocheffizient arbeitenden System, in dem die Drohne die Feldfläche vermisst und den optimalen Ernteweg errechnet. Aus den daraus ermittelten Daten wird der Mähdrescher selbstfahrend eingesetzt und der Traktor im richtigen Moment losgeschickt, um die Ladung des Mähdreschers zu übernehmen. Es zählen also nicht mehr nur die Produktparameter des Mähdreschers. Vielmehr kauft der Kunde eine Komplettlösung für den Erntebereich. Auch hier generieren die Services zusätzlichen Umsatz, der nicht mit dem Verkauf der Maschine zusammenhängt. Und auch hier findet Differenzierung über Vernetzung und Servicefokus statt. Die Umsätze durch die IoT-Entwicklung fangen erst jetzt an exponentiell zu wachsen. Und noch besteht ebenso Raum, neues habitualisiertes Kundenverhalten durch die entsprechenden Ökosysteme zu schaffen. Da die Entwicklung von IoT-Services aber keine Sache von Tagen ist, sollten sich jede Branche und jedes Unternehmen heute intensiv damit beschäftigen, welche Potenziale im Bereich IoT bestehen und wie diese optimal erschlossen werden können.

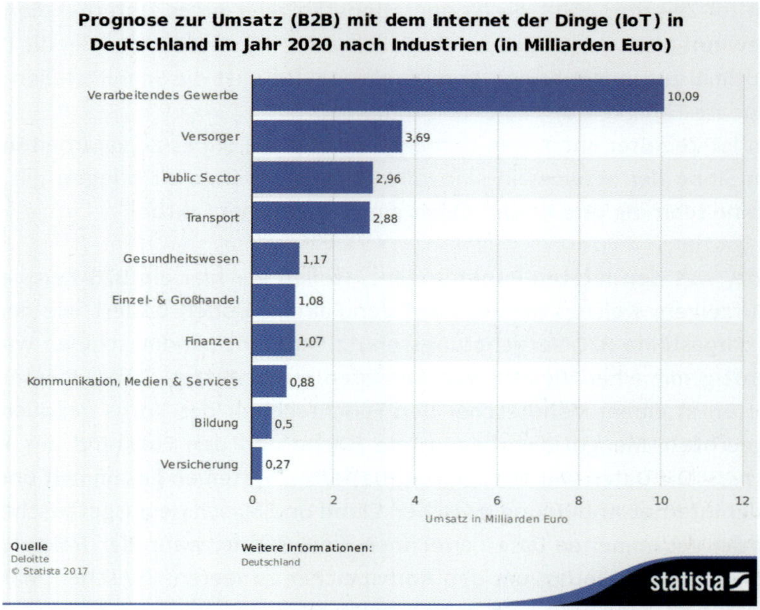

Abb. 131: Noch steckt der Umsatz mit IoT-Lösungen und Diensten in den Kinderschuhen. Viele Branchen sind noch zu passiv. Die Technik jedoch ist da und wird für eine exponentielle Entwicklung sorgen.

Mehr zum Thema Mähdrescher und Traktoren und deren Zukunft erfahren Sie über den nebenstehenden QR-Code.

7 Die Maschine im Kopf – Neuromarketing durch Machine Learning, KI & Virtualisierung

Die totale Vernetzung von Unternehmen, Menschen und Maschinen bringt eine enorme Datenflut mit sich. Da sind die Customer-Behavior- sowie die Pre-/Remarketing-Daten der Website-Nutzer. Hinzu kommen die Daten aus den Social-Media- und Messenger-Kanälen. Auch die permanente Datenverbindung zu Sensoren im IoT-Umfeld sorgt für regen Datentraffic. Wer hätte noch vor zwei Dekaden für möglich gehalten, dass solche Datenmengen überhaupt handhabbar sind? Sammeln kann man diese Daten schon lange. Was in den letzten Jahren den Quantensprung brachte und bringt ist, dass die Daten heute auch analysierbar sind und dass viele Systeme über die Erkenntnisse gesteuert werden können. So sammeln DMP (Data Management Plattformen) heute CRM-Daten aus einer Vielzahl von Kanälen. Dort laufen die Kontaktdaten eines Kunden an einer Stelle zusammen, sei es sein Website-Besuch, der Anruf im Call-Center, der Dialog mit dem Chat-Bot oder der Kommentar im Social Network. Ebenso werden hier – je nach Branche – Daten über das Fahrverhalten des Kunden (Kfz-Versicherung), über seine Aktivitäten in der Wohnung (Elderly Healthcare) oder seine GPS-Bewegungsdaten (Telekommunikation) gebündelt. Und dort meldet die Heizung des Kunden automatisch einen Ausfall.

Passend dazu wickeln Demand-Side-Plattformen den automatisierten Handel mit Werbeplätzen im Online-Marketing ab. Sie prüfen permanent mehrere Milliarden Werbe-Einblendungen innerhalb von Millisekunden und entwickeln über Algorithmen die optimale Kampagnen-Ausspielung für Werbekunden.

Und damit sind wir schon bei einem wesentlichen Effekt der aktuellen Entwicklungsstufe der digitalen Welt: Maschinen erbringen Leistungen besser und schneller als Menschen. Vorbei ist die Zeit, in denen der Mediaplaner die TV-Spot-Schaltungen ein Jahr im Voraus auf die großen Werbeplätze einbuchte. Heute übernimmt diese Aufgabe (zumindest für die digitalen Kanäle) ein Algorithmus. Insofern muss man noch einmal begrifflich korrigieren, wenn wir heute oft davon lesen, dass Roboter bestimmte Aufgaben übernehmen. Das tun sie in der Automobil-Industrie im Autobau auf Basis von vorgefertigten Bewegungsmustern. Wenn heute von Robotern die Rede ist, dann sind damit oft Algorithmen gemeint, die aus großen Datenmengen Ergebnisse und Aktivitäten ableiten können. Und mit dieser Leistung verbessern oder ersetzen sie den Menschen, steuern Applikationen oder Maschinen. So wird der

Autofahrer heute durch Assistance-Systeme im Auto verbessert. Das Auto erkennt viel schneller einen drohenden Auffahrunfall als der Fahrer. Es bremst automatisch ab und sendet dem Fahrer akustische Signale. Dieser muss dann das Bremspedal noch vollständig durchdrücken, um den Unfall gänzlich zu verhindern.

Im autonom fahrenden Auto wird der Mensch ersetzt. Dort übernehmen die Sensoren die Aufgaben der Sinnesorgane und der Algorithmus trifft auf dieser Basis Entscheidungen zum Bremsen, Lenken etc. in einer Geschwindigkeit, wie es der Mensch nie können wird. Auf Basis dieser Entwicklung entstehen derweil neue Geschäftsmodelle. So hat der Taxidienst Uber bis zu 24.000 autonom fahrende Fahrzeuge bei Volvo bestellt. Damit perfektioniert Uber das Geschäftsmodell, denn das Unternehmen übernimmt damit die gesamte Wertschöpfungskette der Mobilität (siehe hierzu auch das Video via QR-Code).

Und Michael O'Leary hat bereits vor Jahren die These vertreten, dass eine Fluggesellschaft keine Piloten braucht, weil die Technik im Flugzeug exakter und verlässlicher arbeitet. Diese Ansicht wurde anfangs belächelt und abgetan. Allerdings änderte sich das sehr schnell nach dem Selbstmord des Germanwings-Piloten im Jahr 2015, der mit der Maschine 150 Passagiere mit in den Tod nahm. Algorithmen, die sich selbst zerstört haben, sind nicht bekannt. Insofern müssen wir der Tatsache ins Auge sehen, dass die Algorithmen den Menschen in vielen Berufen und Arbeitsgebieten ablösen werden. Das betrifft auch qualifizierte Tätigkeiten wie die Anlageberatung bei Banken, die Steuerberatung und eben das Fliegen. Sicher aber auch Sachbearbeiter-Tätigkeiten, wie sie beispielsweise in der Versicherungsbranche oder in vielen anderen Bereichen zum Einsatz kommen.

Algorithmen erkennen heute schon Muster des Versicherungsbetrugs besser als der Mensch. Der einzige Grund, warum die Systeme noch nicht scharf geschaltet sind, ist die strategische Auswirkung der Entscheidung, Hunderte von Sachbearbeitern durch einen Algorithmus zu ersetzen. Denn: Erstens ist diese Entscheidung nicht umkehrbar und zweitens hat der Vorstand danach keine Möglichkeit mehr, Frau Meier oder Herrn Schmitz zu fragen, wie sie diesen oder jenen Fall bearbeitet haben. Die Arbeit des Algorithmus in der Cloud werden sie nicht ohne Weiteres nachvollziehen können. Und in dem Moment, wo aus dem Machine Learning System (also dem System, dem man zu Beginn 500.000 Fälle mit entsprechenden Entscheidungen zum Lernen gegeben hat) ein System mit künstlicher Intelligenz wird, kann der Vorstand die Arbeit des Algorithmus gar nicht mehr nachvollziehen, weil dieser sich selbstständig verändert und optimiert. Insofern ist die Entscheidung, den Hebel umzulegen, eine fundamentale Entscheidung mit weitreichenden Folgen. Für das Unternehmen, für die Mitarbeiter und für die Volkswirtschaft.

Wenden wir uns aber auch im Bereich von Machine Learning und künstlicher Intelligenz dem Neuromarketing zu. Denn im Bereich der Kommunikation versetzt uns diese Entwicklung nicht nur in die Lage, die Mediaplanung und die Werbeschaltung in Millisekunden maschinell zu planen und auszuspielen. Auch die gesamte Ansprache des Kunden und der Kundendialog lassen sich über moderne Algorithmen optimal auf das limbische System des Kunden ausrichten. Das Zauberwort hier heißt Personalisierung.

7.1 Megatrend Personalisierung

Wir haben in den Grundlagen des Neuromarketings bereits das limbische System kennengelernt und wie es den Menschen automatisch beziehungsweise unbewusst steuert. Daher müssen Response und Conversion sowie das Marken- und Kundenerlebnis umso größer sein, je besser es uns gelingt, die Motive des Kunden anzusprechen. Dabei können moderne Systeme heute den gesamten Dialog und die gesamte Kommunikation individuell auf den Kunden ausrichten. Alles kann heutzutage personalisiert werden:

- Bilder werden an die Kundenprofile angepasst.
- Texte werden individuell für den einzelnen Kunden zusammengestellt.
- Videos erhalten eine einzigartige Storyline für jeden Kunden, inklusive individueller Off-Texte.
- Preise werden auf den jeweiligen Kunden angepasst (so unter anderem höhere Preise bei Nutzern von teurem Equipment wie einem iPad oder je nach Tageszeit und Wochentag).
- Dynamische Framing-Komponenten reagieren auf die Situation des Kunden (»Nur noch 2 Plätze in dieser Preiskategorie verfügbar«, »Das Angebot wurde in den letzten 24 Stunden von 1.250 Nutzern aufgerufen« etc.).
- Vorteile und Argumente werden auf die individuelle Situation des Kunden ausgerichtet.

Und dabei lässt sich die Tonalität je nach Kundensituation oder -typologie anpassen: von sachlich kühl bis emotional aufgeheizt, von defensiv beschwichtigend bis progressiv fordernd. Der eine braucht die Infos ausführlich dargestellt und tabellarisch strukturiert, dem anderen reicht ein Video, in dem alles kompakt erklärt wird.

Achten Sie also das nächste Mal beim Einkauf darauf, wie oft Sie eine Seite aufrufen vor dem Kauf, mit welchem Endgerät Sie surfen und zu welcher Uhrzeit. Es könnte sich auszahlen.

Wir haben nachfolgend ein Beispiel der oben beschriebenen Personalisierung am Business-Case Versicherung abgebildet.

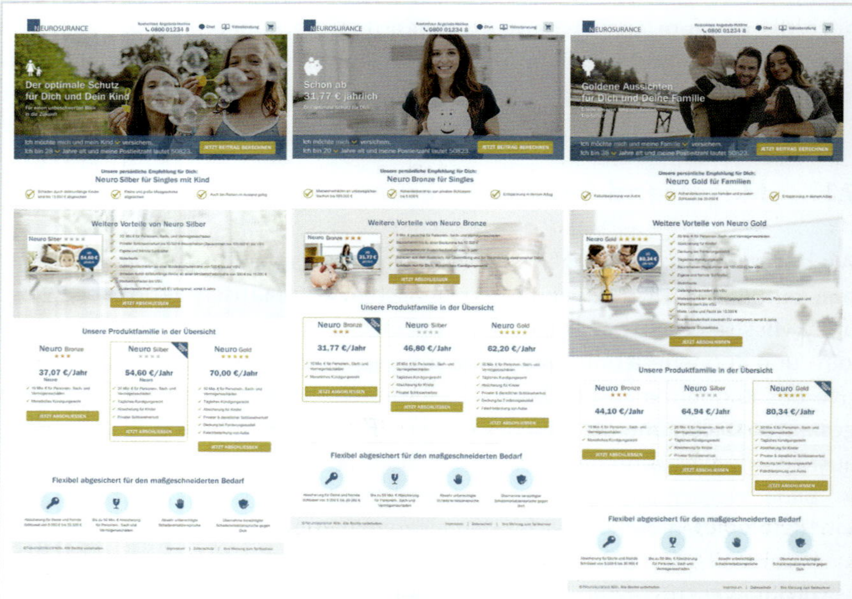

Abb. 132: Personalisierung am Beispiel der Haftpflicht-Versicherung: individuelle Bildwelt, individuelle Vorteilsargumentation, individuelle Produktempfehlung. Personalisierung schafft intuitive und unbewusste Orientierung sowie Sympathie/Empathie.

Heutige Content-Management-Systeme spielen personalisierte Inhalte in Echtzeit aus. Im Hintergrund arbeiten dabei die Plattformen und Algorithmen zur Erstellung der Nutzerprofile und Typologien. Und hierin liegt auch der erste Erfolgsfaktor der Personalisierung: Es braucht vernünftige Kundenprofile und Kundensegmente. Denn nur damit lässt sich erfolgreich personalisieren. Darüber hinaus gilt es, die Einsatzfelder für die Personalisierung zu definieren. Denn es gibt Cases, die sehr einfach umzusetzen sind und viel Potenzial erschließen, und es gibt Cases, die nur sehr schwer zu realisieren sind und deren Potenzial einen solchen Aufwand nicht rechtfertigt.

7.2 Einfache Personalisierung – trotzdem mit großem Effekt

Ein Beispiel dazu: Wir haben eine große Geschäftsbank im Bereich Personalisierung unterstützt. Ein einfacher Case mit hohem Potenzial bestand darin, die Homepage für die vielen tausend Kunden zu personalisieren, die sich täglich über die Homepage der Bank in das Online-Banking einloggen. Dabei wurde die Bühne der Homepage ohne Personalisierung fast immer mit Konto-Angeboten ausgespielt. Kunden, die sich in das Online-Banking einloggen, haben aber in der Regel ein Konto. Insofern bestand sehr viel leicht zu hebendes Potenzial darin, die Homepage-Bühne zu personalisieren und dabei zu berücksichtigen, ob der Kunde sich bereits in das Online-Banking eingeloggt hat in einer der vorherigen Sessions. In diesem Fall wurden die Konto-Teaser durch Teaser für ergänzende Produkte wie Kreditkarte, Kredit oder Baufinanzierung ausgetauscht. Dies kann über Cookies im Sinne von Next Best Advice beziehungsweise Next Best Product mit dem CRM-System gematched werden. Ein Case, der unter Kosten-/Nutzengesichtspunkten sehr gut umzusetzen ist.

7.3 Komplexe Personalisierung – AXA perfektioniert den Kundendialog in der Krankenversicherung

Einen komplexeren, aber auch sehr erfolgreichen Case haben wir im Kundendialog der AXA Krankenversicherung umgesetzt. Das Unternehmen steht, wie alle Krankenversicherungen, vor der Herausforderung, Preisveränderungen in der Zusatz- und Vollversicherung optimal für den Kunden zu erläutern und Kündigungen zu vermeiden. Dazu besteht unter anderem auch ein gesetzlicher Auftrag.

Die Situation ist nun für jeden Kunden sehr unterschiedlich. So hat der eine Kunde keine Leistungen bezogen, während der andere Kunde eine komplizierte Operation hatte (sprich: Er hat vom Versicherungsschutz profitiert). Ein anderer Kunde wäre in der gesetzlichen Krankenversicherung günstiger versichert (auf Basis des Höchstbeitrages), wieder ein anderer liegt preislich immer noch unterhalb des Höchstsatzes der gesetzlichen Krankenversicherung.

Auf Basis von Algorithmen der Personal Business Machine AG wurden im Projekt insgesamt rund 150 Datenparameter automatisiert und maschinell verarbeitet. Daraus entstanden einzigartige digitale Dialogboxen, die mit jedem einzelnen Kunden individuell kommunizierten. Dabei wurde nicht nur statischer Content personalisiert, sondern auch die emotionalen und informativen Video-Container.

Ergebnisse des Projektes waren Einsparungen in der Printaufbereitung (so wurden unter anderem aufwendige Print-Broschüren durch die Dialogboxen ersetzt) und den Versandkosten. Darüber hinaus wurde der Kundendialog massiv verbessert. Dafür wurde dem Unternehmen im Jahr 2017 der German Brand Award verliehen.

Abb. 133: AXA German Brand Award

Mehr über die Personalisierung im Kundendialog bei der AXA Krankenversicherung erfahren Sie in einem Video, das über diesen QR-Code aufrufbar ist.

Die Personal Business Machine ist ein gutes Beispiel, wie Personalisierung heute erfolgt und wie verschiedene Systeme und Datenquellen genutzt und per Algorithmus beziehungsweise auf Basis von Business Rules verarbeitet werden. So nutzt das System Profildaten aus dem CRM-System der Unternehmen genauso wie Profiling-Informationen, die über IBM Watson Personality Insights generiert werden. Dabei wird bestehender Kundendialog analysiert und in Kundentypologie überführt. Das System bietet mit PRECIRE darüber hinaus eine Plattform an, die Sprache (etwa aus Call-Center-Gesprächen) und Texte (beispielsweise aus Briefen, Chats, E-Mails) in Informationen zur Persönlichkeit und zum Verhalten der Kunden überführt. Insofern werden nicht nur die Informationen in der Personal Business Machine individuell zusammengestellt, sondern auch die Tonalität wird dem einzelnen Kunden angepasst.

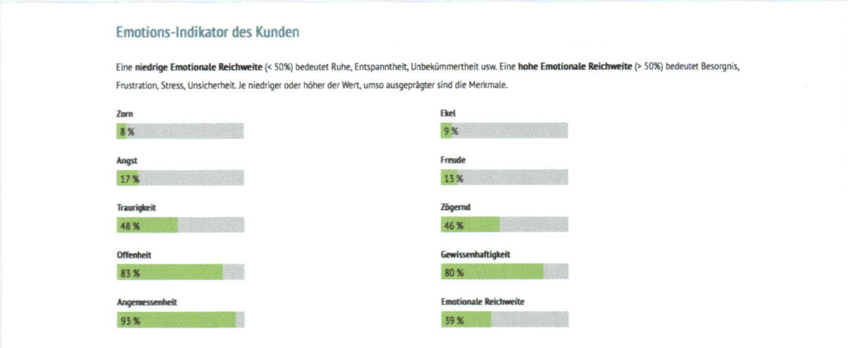

Abb. 134: Kundentypologie auf Basis von Machine-Learning-Algorithmen. Mithilfe der Ergebnisse daraus werden Content und Tonalität für jeden einzelnen Kunden individuell komponiert.

Womit wir beim Thema Content sind. Content ist heute dynamisch und wird in Zukunft maschinell komponiert. Das bedeutet, dass Konzepte, Inhalte und Kampagnen modular entwickelt werden müssen. Technologische Plattform und Marketing-Bereiche müssen dazu Hand in Hand arbeiten. Darüber hinaus brauchen die Unternehmen in Zukunft Abteilungen beziehungsweise Bereiche, die sich mit der Kundensegmentierung beziehungsweise der Entwicklung von Kundentypologien befassen und diese in allen digitalen und analogen Kanälen zur Anwendung bringen.

Sie haben ja bereits in diesem Buch das Beispiel der Raiffeisenbank Niederösterreich-Wien kennengelernt, in dem der Kunde innerhalb der Kreditstrecke wählen kann, ob er mit Du oder Sie angesprochen wird (siehe das Kapitel 4.2.5). Aktuell trifft der Kunde die Entscheidung nur für diese eine Customer-Journey. Zukünftig wird eine solche Auswahl auf alle Touchpoints und im gesamten Kundendialog angewendet werden. Da wird sich die Entscheidung für das »Du« auch im Online-Banking, in der App und sogar am Geldautomaten durchziehen. Da werden der Bankberater und der Call-Center-Mitarbeiter einen Hinweis bekommen, dass der Kunde gerne geduzt werden möchte, und im Brief zu den Änderungen der Zinssätze wird man ihm mitteilen, dass es »eine Veränderung in deinen Kredit-Konditionen gibt«. Mit dieser Art der Personalisierung, der modularen Aufbereitung von Content sowie der Ausspielung über alle Kunden-Touchpoints wird der Kunde die Omni-Kanal-Strategie der Unternehmen wirklich im Kundenerlebnis spüren.

Mehr zum Megatrend Personalisierung in der Praxis lesen Sie im Interview mit Patricia Kasandziev, Head of Digital Transformation der Raiffeisenlandesbank Niederösterreich-Wien AG, das Sie über folgenden QR-Code aufrufen können.

7.4 Die nette Maschine – von Robo-Advice über Chat-Bot bis Voice User-Interfaces

Wie war das noch vor 20 Jahren? Da waren die Roboter immer die Bösen. Yul Brynner schoss in »Westworld« alles über den Haufen. Der Terminator zerstörte die halbe Stadt. Und die Zylonen in »Kampfstern Galactica« machten im Universum Jagd auf Menschen. Klar, es gab auch E.T. und WALL·E, aber generell herrschte das Bild von der bösen Maschine vor.

Dieses bei den Menschen vorbelegte schlechte Image der Maschine verändert sich aktuell. Amazon Alexa steht heute im Wohnzimmer und wir finden es cool und witzig, mit der Maschine zu sprechen und darüber unseren Fernseher sowie die Musik zu steuern. Heute diktieren wir Siri unsere WhatsApp-Nachrichten und fragen die Maschine, wie das Wetter morgen wird. Wir sitzen im Auto und genießen, dass die Maschine selbst lenkt, bremst und Gas gibt. Und wenn Google uns auf unserem Smartphone erinnert, dass wir in 90 Minuten einen Termin in der Nachbarstadt haben und der Verkehr gerade sehr dicht ist, dann denken inzwischen die meisten von uns nicht mehr darüber nach, was die Maschine doch alles über uns weiß, sondern wir genießen den Service.

In den nächsten Jahren wird es auch einen Wettstreit zwischen den Maschinen (Algorithmen) und den Menschen geben. So zum Beispiel im Bereich der Anlageberatung. Hier werden die Robo-Advisor, wie beispielsweise Scalable, gegen den Bankberater in der örtlichen Filiale antreten. Wie der Kampf ausgeht, ist noch lange nicht ausgemacht – genauso wenig wie die Frage, ob uns der Anlageberater am Ende nicht gemeinsam mit der Maschine beraten wird. Wir haben in der Einleitung zu diesem Buch bereits thematisiert, dass die Ma-

Abb. 135: Top-Know-how und zukünftig auch mit maschinell generiertem Kunden-Dialog. Scalable ist inzwischen eines der wichtigsten deutschen FinTech Start-ups.

schine auf jeden Fall das bessere, umfassendere und aktuellere Bild von den Märkten und Anlageprodukten haben wird. Was durch die Personalisierung hinzukommt ist, dass der Robo-Advisor (genauso wie zukünftig viele Maschinen) zukünftig sehr individuell auf den Kunden eingehen wird im Dialog. Und damit entsteht am Ende mehr Sympathie beziehungsweise Empathie im Dialog mit der Maschine als im Kontakt mit dem kaum motivierten und eindimensionalen Berater in der Bankfiliale.

Diese Entwicklung werden wir auch im Bereich der Chat-Bots erleben. Denn hier ist über den Kanal schon kein Unterschied mehr zwischen Mensch und Maschine erkennbar. Ein Dialog über Facebook-Messenger oder WhatsApp sieht im zwischenmenschlichen Dialog genauso aus wie im Dialog zwischen Mensch und Maschine. Und dabei wird der Chat-Bot zukünftig über die im Abschnitt zuvor beschriebenen Typologien und Dialog-Muster-Identifier mehr Empathie entwickeln als der Call-Center-Agent, der den Messenger-Dialog bisher bedient. Schon jetzt stehen Lösungen bereit, die einen nahtlosen Übergang zwischen Chat-Agent und Chat-Bot ermöglichen. Sprich: Der Kunde bekommt gar nicht mehr mit, ob

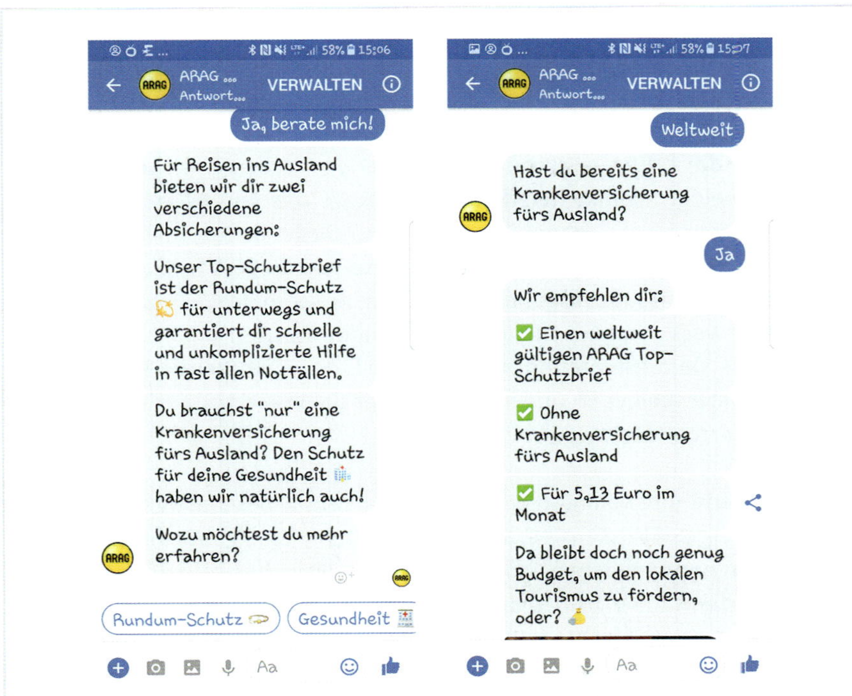

Abb. 136: Kaum noch zu unterscheiden vom realen Menschen, der Chat-Bot bei der ARAG SE. Zukünftig werden sich Chat-Bot und Chat-Agent nahtlos den Kundendialog übergeben, ohne dass der Kunde weiß, ob er mit einem realen Menschen kommuniziert oder mit einer Maschine.

gerade eine Maschine mit ihm im Dialog ist oder ein realer Mensch. Und das kann im Chat-Verlauf sogar wechseln, ohne dass der Kunde das mitbekommt.

Bei den Voice User-Interfaces wie Alexa, Siri & Co. wird man zukünftig verschiedene Charaktere auswählen können. Männerstimme, Frauenstimme, jünger, älter, wild, ruhig. Denn die Text-to-Speech-Systeme konkatenieren einzelne Fragmente realer Stimmen zu einem ganzen Satz oder einer ganzen Zahl. Insofern ist der Aufwand, verschiedene Stimmen zu hinterlegen, überschaubar.

Transportieren wir jetzt noch einmal das Bild der Social-Media-Studie der Stanford Universität auf die oben genannten Einsatzfelder von Maschinen. Gehen wir also davon aus, dass der Maschine 150 Facebook-Likes ausreichen, um den Menschen besser einschätzen zu können als seine Familie. Dann wissen wir, zu welchen Leistungen die Maschinen in der Zukunft in der Lage sein werden. Es gibt viele Gründe, an die nette Maschine und den Siegeszug von Robo-Advice, Chat-Bot und Voice User-Interfaces zu glauben.

7.5 Speicherplatz zu vermieten – die Virtualisierung von Wissen

Als ich Ende der 1970er-Jahre die weiterführende Schule besuchte, bekam ich, wie jeder meiner Schulkameraden, ein Lexikon. Das gab es in jedem Haushalt mindestens einmal, damit bei Bedarf grundlegende Informationen nachgeschlagen werden konnten. Damals kannte ich die Telefonnummern aller meiner Freunde. Heute fragt meine Tochter Amazon Alexa, was diese über Marrakesch weiß. Und wenn sie eine Freundin anrufen möchte, dann sagt sie Siri, dass sie diese Freundin anrufen soll. Auch ich kenne keine einzige Telefonnummer meiner Freunde mehr. Was ist da passiert? Ganz einfach: Wissen wurde virtualisiert.

Wer sich heute mit Kommunikation und Marketing beschäftigt, muss diese Virtualisierung des Wissens berücksichtigen. Denn dazu gehört auch, dass Informationen heute eine ganz andere Halbwertzeit haben als früher. Während die Anzahl der Kanäle früher deutlich geringer war und die Menschen sich sehr lange an TV-Spots, Marken und Claims erinnern konnten, ist das heute anders. Heutzutage ist zwar die Behaltensleistung geringer, dafür können Spots, Marken und Claims viel genauer auf den richtigen Kunden abgestimmt und im richtigen Zeitpunkt platziert werden.

Auch die Aufmerksamkeitsspanne sank in den letzten Jahren deutlich. Laut einer neueren Microsoft-Studie sind davon insbesondere folgende Personen betroffen:

- sogenannte Early Adopter, also Menschen, die sich früh an neue Technik wagen
- starke Social-Media-Nutzer
- junge Menschen zwischen 18 und 24 Jahren
- Menschen, die oft mehrere Gadgets gleichzeitig nutzen sowie
- Menschen mit allgemein hohem Medienkonsum

(Quelle: Focus 2015)

Abb. 137: Weniger Aufmerksamkeitsspanne als ein Goldfisch – laut einer Microsoft-Studie sank die Aufmerksamkeitsspanne von 2000 bis 2013 von 12 auf 8 Sekunden. Ein Goldfisch ist länger aufmerksam.

Es stellt sich also nicht die Frage, ob es früher besser war oder heute. Es ist einfach Tatsache, dass Marketing, Kommunikation und Dialog heute anders funktionieren. Und dazu gehört auch, dass die Anforderung an die Auskunftsbereitschaft der Unternehmen steigt. Die Informationen über die Leistungen ihres Versicherungsvertrags möchten die Kunden auf Knopfdruck, die Information über die Verspätung eines Zuges soll automatisch und in Echtzeit geliefert werden. In dem Moment, in dem der Paketdienst das Päckchen beim Nachbarn abgegeben hat, möchte der Kunde eine Push Notification. Und einen Tag vor dem Termin mit dem Bankberater macht es Sinn, dem Kunden noch einmal eine Erinnerung per WhatsApp zu schicken.

Unternehmen müssen Informationen, Wissen und Dialog in Zukunft jederzeit und über alle Kanäle verfügbar machen. Dabei muss jeder Kanal die CRM-Daten im Zugriff haben und die Kundentypologie kennen und durchgängig in Tonalität und Ansprache agieren.

8 Ausblick

Lange haben sich die verschiedenen digitalen Aktivitäten hintereinander oder parallel zueinander entwickelt. In den nächsten Jahren werden sich alle Aktivitäten miteinander vereinen und Märkte, Gesellschaften und Volkswirtschaften grundlegend verändern.

Aus Neuromarketing-Sicht werden die nächsten Jahre extrem spannend. Neue digitale Plattformen, Machine-Learning-Algorithmen und künstliche Intelligenz werden uns in die Lage versetzen, Kundenmotive und -profile gezielt und im Eins-zu-eins-Dialog anzusprechen. Dabei werden die Karten der Wettbewerbsfähigkeit von Unternehmen und Marken neu gemischt.

Wir haben Ihnen in diesem Buch aufgezeigt, welche Handlungsfelder Sie bespielen müssen, um zukünftig erfolgreich zu sein. Und wir haben Ihnen die Faktoren des digitalen Erfolges, wenn auch in Ausschnitten, an die Hand gegeben.

Halten Sie sich immer wieder vor Augen, dass Menschen mit ihren nahezu prähistorischen Verhaltensweisen auf eine sich rasant entwickelnde Technologie treffen. Die Maschinen, das heißt die Algorithmen, werden schon bald vieles besser machen als der Mensch und ihn in den verschiedensten Bereichen ersetzen. Und auch im Bereich der Kommunikation werden die digitalen Systeme eine Leistungsfähigkeit erreichen, wie wir sie noch vor Jahren nicht für möglich gehalten haben.

Der Mensch hingegen wird auch weiterhin vom Autopiloten gesteuert. Er wird den allergrößten Teil seiner Entscheidungen und Handlungen immer noch auf Basis des limbischen Systems ausführen. Nutzen Sie das neue, digitale Rüstzeug der Kommunikation, um die Wünsche, Motive und Bedürfnisse des Kunden besser und schneller zu erfüllen als der Wettbewerb. Und schotten Sie Ihre Kunden über digitale Ökosysteme und die darin verankerten habitualisierten Verhaltensweisen von den Konkurrenten ab. Denken Sie dabei nicht nur an den klassischen USP (Unique Selling Proposition), das heißt die klassischen Alleinstellungsmerkmale (Features & Produkteigenschaften), sondern auch an die Emotional Selling Proposition. Denn diese entscheidet mehr denn je über den Erfolg Ihres Produktes, Ihrer Marken und Ihres Unternehmens.

Wir hoffen, dass wir Sie mit diesem Buch zu diesem Weg inspiriert haben. Gleichzeitig hoffen wir, dass wir Ihnen eine gute Strukturierung der Themen und Handlungsfelder an die Hand gegeben haben.

Wir freuen uns auf den Austausch mit Ihnen. Stellen Sie uns Fragen oder berichten Sie uns von Ihren eigenen Aktivitäten. Lassen Sie uns diskutieren. Sie finden uns auf XING & LinkedIn genauso wie auf Facebook oder Instagram.

Lassen Sie uns gemeinsam die digitale Zukunft gestalten. Wir freuen uns darauf.

Ihr Autorenteam

Joanna Rode Benjamin Fischer Ralf Pispers

Quellennachweis

Abb. 1:	.dotkomm GmbH
Abb. 2:	www.statista.com
Abb. 3:	www.statista.com
Abb. 4:	www.bmw-connecteddrive.de
Abb. 5:	www.viessmann.de
Abb. 6:	.dotkomm GmbH
Abb. 7:	www.statista.com
Abb. 8:	www.statista.com
Abb. 9:	.dotkomm GmbH
Abb. 10:	www.statista.com
Abb. 11:	.dotkomm GmbH
Abb. 12:	www.atomic.com
Abb. 13:	www.statista.com
Abb. 14:	www.spotify.com/
Abb. 15:	www.spotify.com/
Abb. 16:	www.facebook.com
Abb. 17:	.dotkomm GmbH
Abb. 18:	www.pnas.org/content/112/4/1036
Abb. 19:	www.media.daimler.com/
Abb. 20:	www.statista.com
Abb. 21:	www.sonos.com
Abb 22:	www.postbank.de, www.commerzbank.de, www.ing-diba.de
Abb 23:	www.holvi.com
Abb. 24:	www.statista.com
Abb. 25:	www.paypal.com
Abb. 26:	www.scalable.capital
Abb. 27:	www.capitalone.com
Abb. 28:	www.statista.com

Abb. 29:	.dotkomm GmbH
Abb. 30:	www.google.com
Abb. 31:	www.facebook.com
Abb. 32:	www.Amazon.com
Abb. 33:	www.dotkomm.de
Abb. 34:	www.all4golf.de
Abb. 35:	www.ebay.com
Abb. 36:	UVK Vertragsgesellschaft, Konstanz
Abb. 37	Kroeber-Riel, Vahlen Verlag, München
Abb. 38:	Dr. Häusel, Gruppe Nymphenburg Consult AG
Abb. 39/40:	istockphoto/gettyimages
Abb. 41:	gettyimages
Abb. 42:	istockphoto
Abb. 43:	eye square GmbH
Abb. 44:	National Institute of Mental Health
Abb. 45:	istockphoto
Abb. 46:	eye square GmbH
Abb. 47:	.dotkomm GmbH
Abb. 48:	.dotkomm GmbH
Abb. 49:	.dotkomm GmbH
Abb. 50:	www.emolyzr.de
Abb. 51:	www.emolyzr.de
Abb. 52:	www.emolyzr.de
Abb. 53:	www.pixum.de
Abb. 54:	Häusel, Neuromarketing, 2008
Abb. 55:	www.targobank.de
Abb. 56–57:	Dr. Häusel, Gruppe Nymphenburg Consult AG
Abb. 58:	www.booking.com
Abb. 59:	www.vistaprint.de
Abb. 60:	www.eis.de
Abb. 61:	www.michaelaagaard.com, zitiert nach www.conversion-uplift.co.uk/

Abb. 62:	Fotolia LLC
Abb. 63/64:	.dotkomm rich media solutions GmbH/Icon Added Value GmbH
Abb. 65–67:	iStockphoto LP
Abb. 68–69:	www.hornbach.de
Abb. 70:	www.shoeguru.com
Abb. 71–75:	Web Arts AG
Abb. 76:	UVA group/Neurospective GmbH
Abb. 77:	emolyzr GmbHemolyzr GmbHemolyzr GmbHemolyzr GmbH
Abb. 78:	.dotkomm GmbH
Abb. 79:	Icon Added Value GmbH
Abb. 80:	.dotkomm rich media solutions GmbH
Abb. 81:	www.ergo.de /.dotkomm GmbH
Abb. 82–83:	www.ergo.de
Abb. 84–85:	.dotkomm GmbH
Abb. 86–87:	www.ergodirekt.de
Abb. 88:	.dotkomm GmbH
Abb. 89–106:	Icon Added Value/.dotkomm GmbH
Abb. 107:	www.raiffeisenbank.atwww.raiffeisenbank.at
Abb. 108:	www.statista.com
Abb. 109:	www.statista.com
Abb. 110:	www.statista.com
Abb. 111:	www.wikipedia.de
Abb. 112:	www.facebook.com
Abb. 113:	www.instagram.com
Abb. 114:	www.statista.com
Abb. 115:	www.facebook.com
Abb. 116:	www.facebook.com
Abb. 117:	www.whatsapp.com / www.berghotel-hochfuegen.at
Abb. 118:	www.facebook.com / www.flowridge.com
Abb. 119:	www.statista.com
Abb. 120:	www.statista.com

Abb. 121:	www.facebook.com
Abb. 122:	www.facebook.com
Abb. 123:	www.facebook.com / www.google.com / www.allgemeinarzt-koeln.de
Abb. 124:	.dotkomm GmbH
Abb. 125:	www.google.com / www.facebook.com
Abb. 126:	www.hdi.de / www.allianz.de
Abb. 127:	www.spotify.com / www.idates.com
Abb. 128:	www.sportscheck.com
Abb. 129:	www.verimi.de
Abb. 130:	www.meinsicherheitsplus.de
Abb. 131:	www.statista.com
Abb. 132:	.dotkomm GmbH
Abb. 133:	AXA Konzern AG / .dotkomm GmbH
Abb. 134:	Personal Business Machine AG
Abb. 135:	www.scalable.capital
Abb. 136/137:	iStockphoto LP
Bild: Ralf Pispers	.dotkomm GmbH
Bild: Joanna Rode	Fotografin: Anna Dabrowski
Bild: Benjamin Fischer	.dotkomm GmbH

Literaturverzeichnis

Bauer, J. (2006): *Warum ich fühle, was Du fühlst: intuitive Kommunikation und das Geheimnis der Spiegelneurone*, München: Heyne.

Benedek, K., und Kaernbach, C. (2010): »A continuous measure of phasic electrodermal activity«, in: *Journal of Neuroscience Methods*.

Blens, H., Krämer, N.C., und Bente, G. (2003): »Virtuelle Verkäufer. Die Wirkung von anthropomorphen Interface-Agenten in WWW und E-Commerce«, in Szwillus, G., et al. (Hrsg.): *Mensch & Computer 2003*, Stuttgart: Teubner.

Bruhn, M., und Köhler, R. (2010). *Wie Marken wirken. Impulse aus der Neuroökonomie für die Markenführung*, München: Vahlen.

Diehl, S. (2002): *Erlebnisorientiertes Internetmarketing. Analyse, Konzeption und Umsetzung von Internetshops aus verhaltenswissenschaftlicher Perspektive*, Wiesbaden: Deutscher Universitäts-Verlag.

Dörner, R., Broll, W., Grimm, P. & Jung, B. (2013): *Virtual und Augmented Reality (VR/AR)*. Berlin, Heidelberg: Springer Vieweg.

Esch, F.-R. (2005): *Moderne Markenführung: Grundlagen. Innovative Ansätze. Praktische Umsetzungen*, Wiesbaden: Gabler.

Ekman (2010): *Gefühle lesen – Wie Sie Emotionen erkennen und richtig interpretieren*, Berlin: Springer.

Foscht, T., und Swoboda, B. (2007): *Käuferverhalten: Grundlagen – Perspektiven – Anwendungen*, Wiesbaden: Gabler.

Frenzel, K., Müller, M., und Sottong, H. (2006): *Storytelling: Das Praxisbuch*, München: Hanser Wirtschaft.

Fuchs, W. (2009): *Warum das Gehirn Geschichten liebt. Mit den Erkenntnissen der Neurowissenschaften zu zielgruppenorientiertem Marketing*, München: Haufe.

Gálvez, C. (2009): *30 Minuten Story Telling*, Wiesbaden: Gabler.

Gerrig, R.J. (1993): *Experiencing Narrative Worlds. On the Psychological Activities of Reading*, London: New Haven.

Häusel, H.-G. (2002): *Limbic Success*, München: Haufe.

Häusel, H.-G. (2008): *Neuromarketing, Erkenntnisse der Hirnforschung für Markenführung, Werbung und Verkauf*, München: Haufe.

Häusel, H.-G. (2010): *Emotional Boosting. Die hohe Kunst der Kaufverführung*, München: Haufe.

Herbrand, N. (2008): *Schauplätze dreidimensionaler Markeninszenierung: Innovative Strategien und Erfolgsmodelle erlebnisorientierter Begegnungskommunikation*, Stuttgart: Edition Neues Fachwissen.

Hetzel, M. (2009): *Die Nutzung des Internets bei extensiven Kaufentscheidungen im Multichannel-Vertrieb*, Köln: Josef Eul.

Hilker, C., und Raake, S. (2010): *Web 2.0 in der Finanzbranche. Die neue Macht des Kunden*, Wiesbaden: Gabler.

Hofbauer, G., Körner, R., und Nikolaus, U. (2008): Marketing von Innovationen. Strategien und Mechanismen zur Durchsetzung von Innovationen, Stuttgart: Kohlhammer.

Kreutzer, R. (2009): *Praxisorientiertes Marketing. Grundlagen – Instrumente – Fallbeispiele*, Wiesbaden: Gabler.

Kroeber-Riel, W., und Esch, F. R. (2004): *Strategie und Technik der Werbung: Verhaltenswissenschaftliche Ansätze für Offline- und Online-Werbung*, Stuttgart: Kohlhammer.

Kroeber-Riehl, W., und Weinberg, P. (2003): *Konsumentenverhalten,* München: Vahlen, 8. Aufl..

Kroeber-Riel, W., Weinberg, P., und Gröppel-Klein, A. (2009): Konsumentenverhalten, München: Vahlen.

Lindstrom, M. (2009): *Buyology: Warum wir kaufen, was wir kaufen,* Frankfurt am Main: Campus.

Markowitsch, H. J., und Siefer, W. (2007): Tatort Gehirn. Auf der Suche nach dem Ursprung des Verbrechens, Frankfurt am Main: Campus.

Mikos, L. (2008): Film- und Fernsehanalyse, Stuttgart: UTB.

Möll, T., Esch, F.-R., Decker, R., Herrmann, Sattler, H., und Woratschak, H. (2007): *Messung und Wirkung von Markenemotionen: Neuromarketing als neuer verhaltenswissenschaftlicher Ansatz,* Wiesbaden: Gabler.

Moser, K. (2007): *Wirtschaftspsychologie,* Berlin: Springer.

Pepper, D., Rogers, M. (1993): *The One to One Future,* Currency Doubleday.

Raab, G. S. (2009): *Neuromarketing,* Wiesbaden: Gabler.

Raab, G., Gernsheimer, O., und Schindler, M. (2009): *Neuromarketing: Grundlagen – Erkenntnisse – Anwendungen,* Wiesbaden: Gabler.

Raab, G., und Unger, F. (2005): *Markenpsychologie,* Wiesbaden: Gabler.

Renvoisé, P., Morin, C. (2005): Neuromarketing – Understanding the »Buy Buttons« in Your Customer's Brain, Thomas Nelson Inc.

Sander, M. (2004): Marketing-Management: Märkte, Marktinformationen und Marktbearbeitung, Stuttgart: Lucius & Lucius.

Scheer, B. (2008): *Nutzenbasierte Marktsegmentierung. Eine kaufprozessorientierte empirische Untersuchung zur Wirkungsmessung von Marketing-Aktivitäten,* Wiesbaden: Gabler.

Scheier, C., und Held, D. (2006): *Wie Werbung wirkt. Erkenntnisse des Neuromarketing,* München: Haufe.

Schmidt, S., Gizinski, M., Heidbred, M., und Zierold, M. (2004): *Handbuch Werbung,* Münster: Lit-Verlag.

Schwarz, F. (2010): *Verstehen Sie Ihren Verstand? Gehirnforschung für den Alltag,* Freiburg: Haufe-Lexware.

Steinmann, M., und Groner, R. (Hg.) (2007): *Exkursionen in Sophies zweiter Welt: Neue Beiträge zum Thema des Wirklichkeitstransfers aus psychologischer und medienwissenschaftlicher Sicht,* Bern: Haupt.

Thompson, J. (1994): *The Coevolutionary Process,* Chicago: The University of Chicago Press.

Walter, H. (2004): *Funktionelle Bildgebung in Psychiatrie und Psychotherapie. Methodische Grundlagen und klinische Anwendungen,* Stuttgart: Schattenauer.

Weinberg, P. (1986): *Nonverbale Marktkommunikation,* Heidelberg: Physica.

Youyou, W., Kosinski, M., Stillwell, D. (2015): Computer-based personality judgments are more accurate than those made by humans, Riverside, CA: University of California.

Zimmermann, R. (2006): *Neuromarketing und Markenwirkung. Was das Marketing von der modernen Hirnforschung lernen kann,* Saarbrücken: VDM.

Internet

Focus (2015): https://www.focus.de/digital/videos/nur-wenige-sekunden-studie-zeigt-das-netz-stutzt-unsere-aufmerksamkeit-auf-goldfisch-niveau_id_4689349.html

Morys, A. (2011). www.web-arts.com, abgerufen am 13. Januar 2011.

Oberfranken, M.-C. (2010): www.mc-oberfranken.de, abgerufen am 9. Januar 2010.

Targobank (2017). www.targobank.de/ueber-uns/targobank/index.html#r=tbox-11-05-a, abgerufen am 28. Dezember 2017.

BIBLIOGRAPHY \l 1031 Wikipedia. (2010): Spiegelneuronen, https://conversionxl.com/blog/how-to-use-priming-to-improve-ux/, abgerufen am 4. Januar 2018.

www.e-teaching.org, abgerufen am 12. Juli 2010 von www.e-teaching.org/didaktik/qualitaet/eye/

www.gfk-verein.org/sites/default/files/medien/359/dokumente/gfk_mir_emoscan_deutschabgerufen am 18. Dezember 2017.

www.neuromarket.wordpress.com (2012), abgerufen am 5. Juli 2012.

www.verbaende.com/news.php/Preis-der-Deutschen-Marktforschung-2012-Die-Gewinner?m=84362, abgerufen am 6. Juli 2012

www.wikipedia.org/wiki/Framing-Effekt, abgerufen am 26. Juli 2012.

https://de.wikipedia.org/wiki/Virtuelle_Realität, abgerufen am 4. Januar 2018.

www.wikipedia.org/wiki/Priming_%28Psychologie%29, The Premium Experience: Neurological Engagement on Premium Websites, NeuroFocus 2011, abgerufen 26. Juli 2012.

www.welt.de/print/die_welt/karriere/article108014053/Wenn-die-Webcam-Mass-nimmt.html, abgerufen am 27. Dezember 2017.

www.bitkom.org/Presse/Presseinformation/Kaufberatung-via-Internet.html, abgerufen 27. Dezember 2017.

Die Autoren

Ralf Pispers ist erfolgreicher Entrepreneur seit mehr als 20 Jahren digitale Geschäftsmodelle. Er besitzt internationale Management-Erfahrung und ist geschäftsführender Gesellschafter der .dotkomm GmbH, einer der führenden Digital-Agenturen im Bereich Banken & Versicherungen. Mit der PBM Personal Business Machine AG ist er seit 2017 mit einem neuen Start-up-Business auf Expansionskurs. Ralf Pispers ist erfahrener Keynote-Speaker zum Thema Digitalisierung und betätigt sich seit 1996 erfolgreich als Buchautor.

Joanna Rode, geb. Dabrowski, Master of Arts Marketing-Management, ist Projektleiterin im Bereich Online bei der Deutschen Post DHL Group. Während ihres mit zwei Stipendien honorierten Studiums entwickelte sie bereits die Leidenschaft für das Thema Neuromarketing. Ihre Masterthesis zum Thema »Neuromarketing im eCommerce« wurde mit dem Sparkassenpreis 2010 als beste Arbeit im Fachbereich Wirtschaft ausgezeichnet. Darüber hinaus ist Joanna Rode regelmäßig Gastreferentin an verschiedenen deutschen Hochschulen.

Benjamin Fischer, Master of Arts Sustainable Marketing & Leadership, ist Senior Concept Developer & Neuromarketing Manager bei der .dotkomm GmbH. Neuromarketing wird in seiner täglichen Arbeit, die Konzept-Entwicklung für Websites, Online-Antragstrecken oder personalisierten Landingpages, zum Leben erweckt. Zusätzlich ist er für interne Neuromarketing-Schulungen verantwortlich und Referent bei Kundenveranstaltungen. Auch lehrte er an der Hochschule Fresenius das Fach Unternehmenskommunikation.